HUAGONG YUANLI SHIYAN JI FANGZHEN

化工原理实验及仿真

谢贵明 ◇ 主 编

刘 荣 曹 阳 余晓清 ◇ 副主编

图书在版编目（CIP）数据

化工原理实验及仿真 / 谢贵明主编 . -- 贵阳 : 贵州大学出版社 , 2023.8
ISBN 978-7-5691-0793-7

Ⅰ . ①化… Ⅱ . ①谢… Ⅲ . ①化工原理—实验—高等学校—教材②化工原理—系统仿真—高等学校—教材 Ⅳ . ① TQ02-33

中国国家版本馆 CIP 数据核字 (2023) 第 139122 号

化工原理实验及仿真

主　　编：谢贵明
副 主 编：刘　荣　曹　阳　余晓清

出 版 人：闵　军
责任编辑：徐　乾
校　　对：周阳平
装帧设计：李　敏　陈　丽

出版发行：贵州大学出版社有限责任公司
地址：贵阳市花溪区贵州大学北校区出版大楼
邮编：550025　电话：0851-88291180
印　　刷：贵州思捷华彩印刷有限公司
开　　本：787 毫米 ×1092 毫米　1/16
印　　张：9.5
字　　数：195 千字
版　　次：2023 年 8 月第 1 版
印　　次：2023 年 8 月第 1 次印刷

书　　号：ISBN 978-7-5691-0793-7
定　　价：22.00 元

前　言

《化工原理实验及仿真》是根据现有化学工程与工艺、制药工程类等相关专业的化工原理实验教学要求编写而成的。主要内容包括化工原理实验安全,实验误差分析与实验数据处理,化工原理综合实验。化工原理综合实验包括雷诺演示实验、能量转化实验、旋风分离器实验、板式塔实验、流体力学综合实验(管内流动阻力测试实验和离心泵特性曲线测定实验)、传热综合实验、吸收解吸实验、精馏综合实验、干燥实验等,以及与各实验配套的虚拟仿真实验内容。本书结合实物装置和配套的虚拟仿真软件,可供学生在课余时间进行装置虚拟操作练习,帮助学生更深入地了解和掌握化工原理实验课程内容。本书可以作为高等院校相关专业的化工原理实验教材,也可供化学工程、制药工程、环境工程、食品工程、酿酒与发酵等生物化工专业的工程技术人员参考。

本书由贵州大学谢贵明任主编,刘荣、曹阳和余晓清任副主编。谢贵明编写了绪论、第一章、第二章和第三章中的第一节,刘荣编写了第三章中的第三节和第五节,曹阳编写了第三章中的第二节、第六节至第九节,余晓清编写了第三章中的第四节。林倩、高轶群、王梦、刘彤等人也参与了本书的编写工作。在本书的编写过程中,北京欧倍尔软件开发有限公司给予了大力支持,提供了大量相应的教学资源。

谨向所有为本书提供大力支持的有关学校、企业和领导,以及在组织、撰写、研讨、修改、审定、打印、校对等工作中作出贡献的同志表示由衷的感谢! 由于编写时间仓促,编者的学识和经验有限,书中的不足之处、舛误之处在所难免,殷切希望广大读者和同行批评指正。

目　录

绪　论

一、化工原理实验的重要性和目的

化工原理是建立在实验基础上的学科，它不仅有自身的理论体系，也有一些独特的实验研究方法。化工原理实验是化工原理课程体系的重要组成部分，与化工原理课程的各个教学环节密切相关，是以化工单元操作过程原理和设备为主要手段，以处理工程问题的实验研究方法为特色的工程实践课程。学生在系统地学习化工原理理论知识之后，通过本实验课程的学习，能熟悉化工生产实际中一些过程和设备的基本操作及控制方法，掌握一定的实验技能，提高分析和解决工程实际问题的能力。通过学习化工原理实验课程应达到以下目的：

(1)化工原理理论课程讲授的主要是化工过程即单元操作的原理，包括物理模型和数学模型，这些内容是很抽象的。通过实验环节可以验证化工过程的基本理论，在运用理论分析实验结果的过程中，使理论知识得到进一步的巩固和深化。

(2)熟悉化工常用仪表及实验装置的结构、性能和流程的基本原理，掌握基本实验技能。

(3)学会观察实验现象，熟悉测定化工参数的原理，掌握分析和整理实验数据的方法，熟悉设备、仪表的结构，主要性能及基本操作，提高实验技能。

(4)运用电脑处理数据，以数学方程或图表科学地展示实验结果，并进行必要的分析和讨论，提高分析问题的能力。

(5)培养理论联系实际、实事求是的学风。

化工原理实验是在接近于中试规模的装置上进行的，比以往各课程的实验更接近生产实际，但又不同于生产装置，它要求有更完善的测试条件以便于对变量之间的关系进行测试、探索，更便于对过程进行观察分析。教师在实验教学中要注重引导学生利用化工过程技术与设备、试验方法学、现代测控技术等理论知识，分析、设计和操作典型化工单元操作的实验，进而全面提高学生的动手能力、创新能力和工程意识。

二、化工原理实验的特点

《化工原理实验》是化工、食品、生物工程、环境工程等专业的重要技术基础课，它属于工程技术学科，故化工原理实验也是解决工程问题必不可少的重要部分。面对实际的工程问题,其涉及的物料千变万化,操作条件也随各工艺过程而改变,实验变量多,使用的各种设备结构、大小相差悬殊,很难从理论上找出反映各过程本质的共同规律。一般采用两种研究方法来解决实际工程问题,即实验研究法和数学模型法。对于实验研究法,在析因实验基础上应用量纲分析法规划实验,再通过实验得到应用于各种情况下的半理论半经验关联式或图表,例如找出流体流动中摩擦系数与雷诺准数和相对粗糙度关系的实验。对于数学模型法,在简化物理模型的基础上,建立起数学模型,再通过实验找出联系数学模型与实际过程的模型参数,使数学模型能得到实际的应用,例如精馏中通过实验测出塔板效率将理论塔板数和实际塔板数联系起来。可以说,化工原理实验是基本包含了这两种研究方法的实验,这是化工原理实验的重要特点。

虽然化工原理实验测定内容及方法是复杂的,但是所采用的实验装置却是生产中最常用的设备和仪表,这是化工原理实验的第二特点。例如流体阻力实验中,虽然要测定摩擦系数与雷诺数及相对粗糙度的复杂关系,但使用的却是极其简单的泵、管道、压力计、流量计等设备仪表。

三、化工原理仿真实验的特点

化工原理仿真实验可以通过计算机技术结合仿真软件来对化工原理实验的过程进行仿真模拟。学生通过操作电脑能够对实验的步骤和效果进行全面的了解和掌握。化工原理实验教学中采用虚拟仿真技术能够更加直观、形象、快捷、便利地将实验装置的操作流程、实验的具体过程以及实验结果显示出来。高校通过学校的服务器后台系统来对学生的实验活动进行有效指导,对学生学习的相关数据进行分析、处理和整合,生成图表和实验报告等。对测试库内容进行有效拓展,提升平台的交流功能,通过公告板让学生和教师能够进行线上互动,学生也可以在小组内进行交流讨论。平台内嵌的仿真软件能够对试题库进行有效扩充,学生在进行软件操作的过程中可以选择不同的项目,如正常开车、冷态开车、事故处理、正常停车等,也可以根据自身的学习情况选择自主练习。学生通过虚拟仿真实验能够独立完成整个实验过程,获得相关的实验经验和实验结果,有效提升自身的实际操作能力。电脑软件能够更加直观地将实验过程进行展示,反复进行重播,让学生对实验过程进行复习,对实验过程中出现的问题进行分析和总结。另外,采用仿真实验教学可以让学生提前发现实物实验操作过程中存在的难点或者风险点。虽然采用仿真教学系统能够通过虚拟软件打破时间、空间、硬件等各项限制,学生可以在任何时间、地点进行虚拟练习,但是化工原理实验中的实物实验和仿真实验实际上是各有优缺点的。在进行虚拟仿真实验教学时,需要充分结合教学的实际情况对这两者的优势进行融合,通过结合实物装置与虚拟仿真软件进行实践操作能够更加有利于学生深度理解和掌握化工原理实验的内容和原理,夯实基础,提升分析和解决问题的能力。

四、化工原理实验教学方法

新时代全国高等学校本科教育工作会议强调，要全面贯彻落实习近平总书记在全国教育大会上的重要讲话精神，坚持“以本为本”，推进“四个回归”，加快建设高水平本科教育、全面提高人才培养能力，造就堪当民族复兴大任的时代新人。化学工业是国家经济发展的重要支柱产业，作为高校教育工作者，从基础上贯彻好化工专业知识的教学显得尤为重要。其中化工原理作为一门专业学科基础课程，该课程以传递过程基础理论与工程方法为两条主线，系统阐述了化工生产过程中各种单元操作的基本原理、物料衡算、过程计算、典型设备等内容，是介于自然科学理论与工业生产实践之间的一门“桥梁”学科。从教学细节来说，化工原理教学涉及理论教学、实验教学、仿真教学三个环节，三个环节环环相扣、紧密联系、缺一不可。应当前新工科建设的需要，需要采取化工原理理论、实验、仿真三位一体教学新模式，让理论与实践密切结合，让理论指导实践、以实践检验理论。

第一章　实验研究方法与实验室安全规则

第一节　实验研究方法

一、直接实验法

直接实验法是指对特定的工程问题直接进行实验测定，从而得到实验结果的实验研究方法。该方法的实验结果较为可靠，但是只能用于条件相同的情况，具有较大的局限性。

二、量纲分析法

量纲分析法是指将多个变量整理为少量（少于变量数）的准数，并建立准数群（又称特征数）之间的函数，然后通过实验归纳整理出量纲为一数群之间的具体关系式的方法。该方法可以大大减少实验工作量，容易将实验结果应用到工程计算和设计中。

三、数学模型法

数学模型法是指在对研究的问题有充分认识的基础上，将复杂问题作合理的简化，提出一个近似实际过程的物理模型，并用数学方程（如微分方程）表示的数学模型，然后确定该方程的初始条件和边界条件求解方程的方法。该方法的数学模型是在实验基础上提出的，并且数学模型需要实验进一步地修正、校核和检验。

第二节　实验室安全规则

(1)不得迟到,不得无故缺课,不得穿拖鞋进入实验室。

(2)遵守纪律,室内不准抽烟,不准大声喧哗,严禁吃食品,不要进行与实验无关的活动。

(3)进入实验室后,要熟悉实验室及周围环境,知晓总水闸、电闸、气源阀门的位置,了解灭火器材和急救箱等的使用方法和放置位置,严格遵守实验室的安全守则和每个具体实验操作中的安全注意事项。

(4)爱护仪器设备,节约水、电和药品,开关阀门时不要用力过大,以免损坏。如出现异常情况,应立即按照停车步骤停止实验,并向指导老师汇报,未经指导老师同意不得擅自处理。如果实验过程中由于操作不当引起仪器或设备故障,应向指导教师汇报并做好记录。

(5)参照实验教材和预习报告,对照现场的实验装置和设备,仔细了解实验流程、设备、仪器、仪表的规格与安装位置,明确实验测量的数据及测定方法。在实验开始之前,应对各种设备及测量仪表如泵、风机、电机、调节阀进行检查,尤其是调节阀的开启情况。在不了解仪器设备的使用方法前,不得开启。在实验时要按照实验教材提供的步骤并得到指导教师的许可后方可开始操作。

(6)注意安全及防火。启动电机前应先观察电动机及其运动部件附近是否有人在工作,合电闸时应防止触电,并注意电机声音有无异常。在蒸发、蒸馏或加热回流易燃液体过程中,实验人员绝对不许擅自离开。精馏塔附近不准使用明火直接加热,应根据沸点的高低分别用水浴、沙浴或油浴进行加热,并注意通风。

(7)保持实验室及设备的整洁,实验完毕后将仪器和设备恢复原状并做好现场清理工作。

第二章　实验误差与数据处理

第一节　实验数据的误差与分析

实验结果最初的表现形式是原始实验数据。实验过程中由于实验方法、实验设备的限制、实验操作环境的影响以及实验操作人员操作等方面的原因，所得实验数据与客观真实值并不完全一致，这种不一致在数值上表现为误差。因此在整理实验数据时，首先应对数据的可靠性进行客观评定。

误差分析的目的就是评定实验数据的精确性，通过误差分析，认清误差的来源及其影响，并设法消除或减小误差。对实验误差进行分析和估算，在评判实验结果和设计方案方面具有重要的意义。本章就化工原理实验中遇到的一些误差的基本概念与估算方法作扼要介绍。

一、误差的基本概念

1.真值与平均值

真值是指某物理量客观存在的确定值。严格来讲，由于测量仪器、测定方法、环境、人的观察力、测量的程序都不可能是完美无缺的，故真值是无法通过测量获得的，是一个理想值。科学实验中真值的定义是：设在测量中观察的次数为无限多，则根据正负误差出现的几率相等，将各观察值相加，加以平均，在无系统误差情况下，可能获得极近于真值的数值。故“真值”在现实中是指观察次数为无限多时所求得的平均值（或是写入文献手册中所谓的“公认值”）。然而对工程实验而言，观察的次数都是有限的，故用有限观察次数求出的平均值，只能是近似真值，或称为最佳值。一般称这一最佳值为平均值。常用的平均值有下列几种：

（1）算术平均值。

这种平均值最常用。凡测量值的分布服从正态分布时，用最小二乘法原理可以证明：在一组等精度的测量中，算术平均值为最佳值或最可信赖值。

$$\bar{x} = \frac{x_1 + _2 + \cdots + x_n}{n} = \frac{\sum_{i=1}^{n} x_i}{n} \tag{2-1}$$

式中：x_1、x_2、…、x_n——各次观测值；

n——观察的次数。

（2）均方根平均值。

$$\bar{x}_{均} = \sqrt{\frac{x_1^2 + x_x^2 + \cdots + x_n^2}{n}} = \sqrt{\frac{\sum_{i=1}^{n} x_i^2}{n}} \tag{2-2}$$

（3）加权平均值。

假设对同一物理量用不同方法去测定，或对同一物理量由不同人去测定，计算平均值时，常对比较可靠的数值予以加重平均，称为加权平均。

$$\bar{w} = \frac{w_1 x_1 + w_2 x_2 + \cdots + w_n x_n}{w_1 + w_2 + \cdots + w_n} = \frac{\sum_{i=1}^{n} w_i x_i}{\sum_{i=1}^{n} w_i} \tag{2-3}$$

式中：x_1、x_2、…、x_n——各次观测值；

w_1、w_2、…、w_n——各测量值的对应权重，各观测值的权数一般凭经验确定。

（4）几何平均值。

$$\bar{x}_{发} = \sqrt[n]{x_1 \cdot x_2 \cdot x_3 \cdots x_n} \tag{2-4}$$

（5）对数平均值。

$$\bar{x}_n = \frac{x_1 - x_2}{\ln x_1 - \ln x_2} = \frac{x_1 - x_2}{\ln \frac{x_1}{x_2}} \tag{2-5}$$

以上介绍的各种平均值，目的是要从一组测定值中找出最接近真值的那个值。平均值的选择主要取决一组观测值的分布类型，在化工原理实验研究中，数据分布多属于正态分布，故通常采用算术平均值。

2. 误差的定义及分类

在任何一种测量中，无论所用仪器多么精密，方法多么完善，实验者多么细心，不同时间所测得的结果不一定完全相同，都有一定的误差和偏差。严格来讲，误差是指实验测量值（包括直接和间接测量值）与真值（客观存在的准确值）之差，偏差是指实验测量值与平均值之差，但习惯上通常将两者混淆。

根据误差的性质及其产生的原因，可将误差分为系统误差、偶然误差、过失误差三种。

(1)系统误差。

又称恒定误差,由某些固定不变的因素引起的。在相同条件下进行多次测量,其误差数值的大小和正负保持恒定,或随条件改变按一定的规律变化。产生系统误差的原因有:①仪器刻度不准,砝码未经校正等;②试剂不纯,质量不符合要求;③周围环境的改变如外界温度、压力、湿度的变化等;④个人的习惯与偏向。如读取数据常偏高或偏低,记录某一信号的时间总是滞后,判定滴定终点的颜色程度不同等因素所引起的误差。

可以用准确度一词来表征系统误差的大小,系统误差越小,准确度越高,反之亦然。由于系统误差是测量误差的重要组成部分,消除和估计系统误差对于提高测量准确度就十分重要。一般系统误差是有规律的,其产生的原因也往往是可知的,对于不能消除的系统误差,我们应设法确定或估计出来。

(2)偶然误差。

又称随机误差,由某些不易控制的因素造成的。在相同条件下作多次测量,其误差的大小、正负方向不一定,产生原因一般不详,因而也就无法控制。主要表现在测量结果的分散性,但完全服从统计规律,因而可以采用概率统计的方法。在误差理论中,常用精密度一词来表征偶然误差的大小。偶然误差越大,精密度越低,反之亦然。

在测量中,尽管已经消除引起系统误差的一切因素,可是所测数据仍在末一位或末二位数字上有差别,则为偶然误差。偶然误差的存在,主要是我们只注意认识影响测量精密度较大的一些因素,而往往忽略其他一些影响较小的因素,这些因素不是我们尚未发现,就是我们无法控制。

(3)过失误差。

又称粗大误差,是与实际明显不符的误差,主要是由于实验人员粗心大意所致,如读错、测错、记错等。含有粗大误差的测量值称为坏值,应在整理数据时依据常用的准则加以剔除。

综上所述,我们可以认为系统误差和过失误差是可以设法避免的,而偶然误差是不可避免的,因此最好的实验结果应该只含有偶然误差。

3. 精密度、正确度和精确度(准确度)

测量的质量和水平可用误差的概念来描述,也可用准确度等概念来描述。

精密度:可以衡量某些物理量多次测量之间的一致性,即重复性。它可以反映偶然误差大小的影响程度。

正确度:指在规定条件下,测量中所有系统误差的综合。它可以反映系统误差大小的影响程度。

精确度(准确度):指测量结果与真值偏离的程度。它可以反映系统误差和随机误差综合大小的影响程度。

为说明它们之间的区别,往往用打靶来作比喻。如图 2-1 所示,A 的系统误差大而偶然误差小,即正确度低而精密度高;B 的系统误差小而偶然误差大,即正确度高而精密度低; C 的系统误差和偶然误差都小,表示精确度(准确度)高。当然实验测量中没有像靶心那样明确的真值,而是设法去测定这个未知的真值。

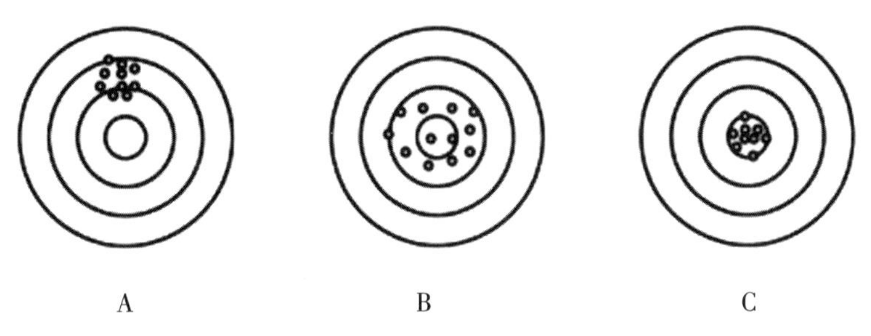

图 2-1　精密度、正确度、精确度含义示意图

对于实验测量来说,精密度高,正确度不一定高。正确度高,精密度也不一定高。但精确度(准确度)高,必然是精密度与正确度都高。

二、误差的表示方法

测量误差分为测量点和测量列(集合)的误差。它们有不同的表示方法。

1. 测量点的误差表示

(1)绝对误差 D。

测量集合中某次测量值与其真值之差的绝对值称为绝对误差。

$$D = |X - x| \tag{2-6}$$

即 $X - x = \pm D \qquad x - D \leqslant X \leqslant x + D$

式中:X—— 真值,常用多次测量的平均值代替;

x—— 测量集合中某测量值。

(2)相对误差 Er。

绝对误差与真值之比称为相对误差

$$Er = \frac{D}{|X|} \tag{2-7}$$

相对误差常用百分数或千分数表示。因此不同物理量的相对误差可以互相比较,相对误差与被测之量的大小及绝对误差的数值都有关系。

(3)引用误差。

仪表量程内最大示值误差与满量程示值之比的百分值。引用误差常用来表示仪表的精度。

2. 测量列(集合)的误差表示

(1)范围误差。

范围误差是指一组测量中的最高值与最低值之差,以此作为误差变化的范围。使用中常应用误差的系数的概念。

$$K = \frac{L}{\alpha} \tag{2-8}$$

式中:K—— 最大误差系数;

L—— 范围误差;

α—— 算术平均值。

范围误差最大缺点是 K 只取决于两极端值,而与测量次数无关。

(2)算术平均误差。

算术平均误差是表示误差的较好方法,其定义为:

$$\delta = \frac{\sum d_i}{n}, i = 1,2,\cdots,n \tag{2-9}$$

式中:n—— 观测次数;

d_i—— 测量值与平均值的偏差,$d_i = x_i - \alpha$。

算术平均误差的缺点是无法表示出各次测量间彼此符合的情况。

(3)标准误差。

标准误差也称为根误差。

$$\sigma = \sqrt{\frac{\sum d_i^2}{n}} \tag{2-10}$$

标准误差对一组测量中的较大误差或较小误差感觉比较灵敏,成为表示精确度的较好方法。

公式(2-10)适用无限次测量的场合。实际测量中,测量次数是有限的,改写为:

$$\sigma = \sqrt{\frac{\sum d_i^2}{n - 1}} \tag{2-11}$$

标准误差不是一个具体的误差,σ 的大小只说明在一定条件下等精度测量集合所属的任一次观察值对其算术平均值的分散程度,如果 σ 的值小,说明该测量集合中相应小的误差就占优势,任一次观测值对其算术平均值的分散度就小,测量的可靠性就大。

算术平均误差和标准误差的计算式中第 i 次误差可分别代入绝对误差和相对误差,相对得到的值表示测量集合的绝对误差和相对误差。

上述的各种误差表示方法中,不论是比较各种测量的精度或是评定测量结果的质量,均以相对误差和标准误差表示为佳,而在文献中标准误差更常被采用。

3.仪表的精确度与测量值的误差

(1)电工类仪表的精确度与测量误差。

这些仪表的精确度常采用仪表的最大引用误差和精确度的等级来表示。仪表的最大引用误差的定义为:

$$\text{最大引用误差}=\frac{\text{仪表显示值的绝对误差}}{\text{该仪表相应档次量程的绝对值}}\times 100\% \tag{2-12}$$

式中仪表显示值的绝对误差指在规定的正常情况下,被测参数的测量值与标准值之差的绝对值的最大值。对于多档仪表,不同档次显示值的绝对误差和量程范围均不相同。

式(2-12)表明,若仪表显示值的绝对误差相同,则量程范围愈大,最大引用误差愈小。

我国电工仪表的精确度等级有七种:0.1、0.2、0.5、1.0、1.5、2.5、5.0。如某仪表的精确度等级为2.5级,则说明此仪表的最大引用误差为2.5%。

在使用仪表时,如何估算某一次测量值的绝对误差和相对误差呢?设仪表的精确度等级P级,其最大引用误差为10%。设仪表的测量范围为x_n,仪表的示值为x_i,则由式(2-12)得该示值的误差为:

$$\left.\begin{aligned}&\text{绝对误差 } D\leqslant x_n\times P\%\\&\text{相对误差 } E_r=\frac{D}{x_i}\leqslant\frac{x_n}{x_i}\times P\%\end{aligned}\right\} \tag{2-13}$$

式(2-13)表明:

①若仪表的精确度等级P和测量范围x_n已固定,则测量的示值x_i愈大,测量的相对误差愈小。

②选用仪表时,不能盲目地追求仪表的精确度等级。因为测量的相对误差还与$\frac{x_n}{x_i}$有关。应该兼顾仪表的精确度等级和$\frac{x_n}{x_i}$两者。

(2)天平类仪器的精确度和测量误差。

仪器的精确度用以下公式来表示:

$$\text{仪器的精确度}=\frac{\text{名义分度值}}{\text{量程的范围}} \tag{2-14}$$

式中名义分度值指测量时读数有把握正确的最小分度单位,即每个最小分度所代表的数值。例如TG—3284型天平,其名义分度值(感量)为0.1毫克,测量范围为0~200克,则

$$\text{精确度}=\frac{0.1}{(200-0)\times 10^3}=5\times 10^{-7} \tag{2-15}$$

若仪器的精确度已知，也可用式(2-14)求得其名义分度值。

使用这些仪器时，测量的误差可用下式来确定：

$$\left.\begin{aligned}&\text{绝对误差}\leqslant\text{名义分度值}\\&\text{相对误差}\leqslant\frac{\text{名义度值}}{\text{测量值}}\end{aligned}\right\}\tag{2-16}$$

(3)测量值的实际误差。

用上述方法所确定的测量误差，一般总是比测量值的实际误差小得多，具体原因为：

①这是因为仪器没有调整到理想状态，如不垂直、不水平、零位没有调整好等，会引起误差；

②仪表的实际工作条件不符合规定的正常工作条件，会引起附加误差；

③仪器经过长期使用后，零件发生磨损，装配状况发生变化等，也会引起误差；

④可能存在由操作者的习惯和偏向所引起的误差；

⑤仪表所感受的信号实际上可能并不等于待测的信号；

⑥仪表电路可能会受到干扰等。

总而言之，测量值实际误差大小的影响因素是很多的。为了获得较准确的测量结果，需要有较好的仪器，也需要有科学的态度和方法以及扎实的理论知识和实践经验。

三、“过失”误差的舍弃

这里加引号的“过失”误差与前面提到真正的过失误差是不同的，在过程稳定、不受任何人为因素影响下，测量出少量过大或过小的数值，随意地舍弃这些过大或过小的“坏值”，以获得实验结果的一致，这是一种错误的做法。“坏值”的舍弃要有理论依据。如何判断是否属于异常值？最简单的方法是以三倍标准误差为依据。

从概率的理论可知，大于3σ(均方根误差)的误差所出现的概率只有0.3%，故通常把这一数值称为极限误差，即

$$\delta_{\text{极限}}=3\sigma\tag{2-17}$$

如果个别测量的误差超过3σ，那么就可以认为属于过失误差而将舍弃。重要的是如何从有限的几次观察值中舍弃可疑值的问题，因为测量次数少，概率理论已不适用，而个别失常测量值对算术平均值影响很大。

有一种简单的判断法，即略去可疑观测值后，计算其余各观测值的平均值α及平均误差δ，然后算出可疑观测值x_i与平均值α的偏差d，如果$d\geqslant4\delta$则此可疑值可以舍弃，因为这种观测值存在的概率大约只有1‰。

四、间接测量中的误差传递

在许多实验和研究中，所得到的结果有时不是用仪器直接测量得到的，而是要把实验现

场直接测量值代入一定的理论关系式中，通过计算才能求得所需要的结果，即间接测量值。由于直接测量值总有一定的误差，因此它们必然引起间接测量值也有一定的误差，也就是说直接测量误差不可避免地传递到间接测量值中去而产生间接测量误差。

误差的传递公式：从数学中知道，当间接测量值（y）与直接值测量值（$x_1, x_2, \cdots, x_n$）有函数关系时，即 $y=f(x_1, x_2, \cdots, x_n)$ 则其微分式为：

$$dy = \frac{\partial y}{\partial x_1}dx_1 + \frac{\partial y}{\partial x_2}dx_2 + \cdots + \frac{\partial y}{\partial x_n}dx_n \tag{2-18}$$

$$\frac{dy}{y} = \frac{1}{f(x_1, x_2 \cdots x_n)}\left[\frac{\partial y}{\partial x_1}dx_1 + \frac{\partial y}{\partial x_2}dx_2 + \cdots + \frac{\partial y}{\partial x_n}dx_n\right] \tag{2-19}$$

根据式（2-18）和（2-19），当直接测量值的误差（$\Delta x_1, \Delta x_2, \cdots\cdots \Delta x_n$）很小，并且考虑到最不利的情况——误差累积和取绝对值，则可求间接测量值的误差 Δy 或 $\Delta y/y$ 为：

$$\Delta y = \left|\frac{\partial y}{\partial x_1}\right| \cdot |\Delta x_1| + \left|\frac{\partial y}{\partial x_2}\right| \cdot |\Delta x_2| + \cdots + \left|\frac{\partial y}{\partial x_n}\right| \cdot |\Delta x_n| \tag{2-20}$$

$$Er = \frac{\Delta y}{y} = \frac{1}{f(x_1, x_2, \cdots, x_n)}\left[\left|\frac{\partial y}{\partial x_1}\right| \cdot |\Delta x_1| + \left|\frac{\partial y}{\partial x_2}\right| \cdot |\Delta x_2| + \cdots + \left|\frac{\partial y}{\partial x_n}\right| \cdot |\Delta x_n|\right] \tag{2-21}$$

这两个式子就是由直接测量误差计算间接测量误差的误差传递公式。对于标准误差的传递则有：

$$\sigma_y = \sqrt{\left(\frac{\partial y}{\partial x_1}\right)^2 \sigma_{x_1}^2 + \left(\frac{\partial y}{\partial x_2}\right)^2 \sigma_{x_2}^2 + \cdots + \left(\frac{\partial y}{\partial x_n}\right)^2 \sigma_{x_n}^2} \tag{2-22}$$

式中 $\sigma_{x_1}, \sigma_{x_2}$ 等分别为直接测量的标准误差、σ_y 为间接测量值的标准误差。

上式在有关资料中称之为“几何合成”或“极限相对误差”。现将计算函数误差的各种关系式如表 2-1 所示。

表 2-1　函数式的误差关系表

数学式	误差传递公式	
	最大绝对误差	最大相对误差 Er(*y*)
$y=x_1+x_2+\cdots+x_n$	$\Delta y=\pm(\lvert\Delta x_1\rvert+\lvert\Delta x_2\rvert+\cdots+\lvert\Delta x_n\rvert)$	$Er(y)=\frac{\Delta y}{y}$
$y=x_1+x_2$	$\Delta y=\pm(\lvert\Delta x_1\rvert+\lvert\Delta x_2\rvert$	$Er(y)=\frac{\Delta y}{y}$
$y=x_1 \cdot x_2$	$\Delta y=\Delta(x_1 \cdot x_2)$ $=\pm(\lvert\Delta x_1 \cdot \Delta x_2\rvert+\lvert\Delta x_2 \cdot \Delta x_1\rvert$ 或 $\Delta y=y \cdot Er(y)$	$Er(y)=Er(x_1 \cdot x_2)$ $=\pm\left(\left\lvert\frac{\Delta x_1}{x_1}\right\rvert+\left\lvert\frac{\Delta x_2}{x_2}\right\rvert\right)$

续表 2-1

数学式	误差传递公式	
	最大绝对误差	最大相对误差 $Er(y)$
$y=x_1\cdot x_2\cdot x_3$	$\Delta y=\pm(\lvert x_1\cdot x_2\cdot \Delta x_3\rvert + \lvert x_1\cdot x_3\cdot \Delta x_2\rvert + \lvert x_2\cdot x_3\cdot \Delta x_1\rvert)$ 或 $\Delta y=y\cdot \mathrm{Er}(y)$	$Er(y)=\pm\left(\left\lvert\frac{\Delta x_1}{x_1}\right\rvert+\left\lvert\frac{\Delta x_2}{x_2}\right\rvert+\left\lvert\frac{\Delta x_3}{x_3}\right\rvert\right)$
$y=x^n$	$\Delta y=\pm(\lvert nx^{n-1}\cdot \Delta x\rvert)$ 或 $\Delta y=y\cdot Er(y)$	$Er(y)=\pm\left(n\left\lvert\frac{\Delta x}{x}\right\rvert\right)$
$y=\sqrt[n]{x}$	$\Delta y=\pm\left(\left\lvert\frac{1}{n}x^{\frac{1}{n}-1}\cdot \Delta x\right\rvert\right)$ 或 $\Delta y=y\cdot \mathrm{Er}(y)$	$Er(y)=\frac{\Delta y}{y}=\pm\left(\left\lvert\frac{1}{n}\frac{\Delta x}{x}\right\rvert\right)$
$y=\frac{x_1}{x_2}$	$\Delta y=y\cdot \mathrm{Er}(y)$	$Er(y)=\pm\left(\left\lvert\frac{\Delta x_1}{x_1}\right\rvert+\left\lvert\frac{\Delta x_2}{x_2}\right\rvert\right)$
$y=cx$	$\Delta y=\Delta(cx)=\pm\lvert c\cdot \Delta x\rvert$ 或 $\Delta y=y\cdot Er(y)$	$Er(y)=\frac{\Delta y}{y}$ 或 $Er(y)=\pm\left\lvert\frac{\Delta x}{x}\right\rvert$
$y=\log x$ $=0.43429\ \ln x$	$\Delta y=\pm\lvert(0.43429\ \ln x)'\cdot \Delta x\rvert$ $=\pm\left\lvert\frac{0.43429}{x}\cdot \Delta x\right\rvert$	$Er(y)=\frac{\Delta y}{y}$

五、误差分析在阻力实验中的具体应用

误差分析除用于计算测量结果的精确度外，还可以对具体的实验方案先进行误差分析，在找到误差的主要来源及每一个因素所引起的误差大小后，对实验方案和选用仪器仪表提出合理的建议。

例 2-1 本实验测定层流 $Re\sim\lambda$ 关系是在公称内径为 6 mm 的小铜管中进行，因内径太小，不能采用一般的游标卡尺测量，而是采用体积法进行直径间接测量。截取高度为 400 mm的管子，测量这段管子中水的容积，从而计算管子的平均内径。测量的量具是移液管，其体积刻度线相当准确，而且它的系统误差可以忽略。体积测量三次，结果分别为 11.31 mL、11. 26 mL、11.30 mL。问体积的算术平均值 α、平均绝对误差 D、相对误差 Er 为多少？

解：算术平均值 $\alpha=\frac{\sum x_i}{n}=\frac{11.31+11.26+11.30}{3}=11.29$

平均绝对误差 $\overline{D}=\frac{\lvert 11.29-11.31\rvert+\lvert 11.29-11.26\rvert+\lvert 11.29-11.30\rvert}{3}=0.02$

相对误差 $Er=\frac{\overline{D}}{\alpha}=\frac{\pm 0.02}{11.29}\times 100\%=0.18\%$

例 2-2 要测定层流状态下，公称内径为 6mm 的管道的摩擦系数 λ（参见流体阻力实验），希望在 $Re=2000$ 时，λ 的精确度不低于 4.5%，问实验装置设计是否合理？并选用合适的测量方法和测量仪器。

解：λ 的函数形式是：$\lambda=\frac{2g\pi^2}{16}\cdot\frac{d^5(R_1-R_2)}{lV_s^2}$

式中：R_1、R_2——被测量段前后液注读数值（mH_2O）；

V_s——流量（m^3/s）；

l——被测量段长度（m）。

标准误差：$Er(\lambda)=\frac{\Delta\lambda}{\lambda}=\pm\sqrt{[5(\frac{\Delta d}{d})]^2+[2(\frac{\Delta V_s}{V_s})]^2+(\frac{\Delta l}{l})^2+(\frac{\Delta R_1+\Delta R_2}{R_1-R_2})^2}$

要求 $Er(\lambda)<4.5\%$，由于$\frac{\Delta l}{l}$所引起的误差小于$\frac{Er(\lambda)}{10}$，故可以略去不考虑。剩下三项分误差可按等效法进行分配，每项分误差和总误差的关系：

$$Er(\lambda)=\sqrt{3m_i^2}=4.5\%$$

每项分误差 $m_i=\frac{4.5}{\sqrt{3}}\%=2.6\%$

①流量项的分误差估计：

首先确定 V_s 值

$$V_s=Re\frac{d\mu\pi}{4\rho}=2000\times\frac{0.006\times 10^{-3}\times\pi}{4\times 1000}=9.4\times 10^{-6}(m^3/s)=9.4(mL/s)$$

这么小的流量可以采用 500mL 的量筒测其流量，量筒系统误差很小可以忽略，读数误差为±5mL，计时用的秒表系统误差也可忽略，开停秒表的随机误差估计为±0.1 秒，当 $Re=2000$ 时，每次测量水量约为 450mL，需时间 48 秒左右。流量测量最大误差为：

$$\frac{\Delta V_s}{V_s}=\pm(\frac{\Delta V}{V}+\frac{\Delta t}{t})=\pm(\frac{5}{450}+\frac{0.1}{48})=0.011$$

式中具体数字说明$\frac{\Delta V_s}{V_s}$误差较大，$\frac{\Delta t}{t}$可以忽略。因此流量项的分误差：

$$m_1=2\frac{\Delta V_s}{V_s}=2\times 0.011\times 100\%=2.2\%$$

没有超过每项分误差范围。

②d 的相对误差：

要求：$5\frac{\Delta d}{d}\leqslant m$　则$\frac{\Delta d}{d}\leqslant\frac{m}{5}$，即$\frac{\Delta d}{d}\leqslant\frac{2.6\%}{5}=0.52\%$

由例2-1知道管径d由体积法进行间接测量。

$$V=\frac{\pi}{4}d^2h \qquad d=\sqrt{\frac{V}{h}\times\frac{4}{\pi}}$$

已知管高度为400mm，绝对误差±0.5mm。为保险起见，仍采用几何合成法计算d的相对误差。

$$\frac{\Delta d}{d}=\frac{1}{2}\left(\frac{\Delta V}{V}+\frac{\Delta h}{h}\right)$$

由例2-1已计算出$\frac{\Delta V}{V}$的相对误差为0.18%。代入具体数值：

$$m_2=5\frac{\Delta d}{d}=\frac{5}{2}\left(\frac{\Delta V}{V}+\frac{\Delta h}{h}\times100\%\right)=\frac{5}{2}\left(0.18+\frac{0.5}{400}\times100\%\right)=0.8\%$$

也没有超过每项分误差范围。

③压差的相对误差：

单管式压差计用分度为1mm的尺子测量，系统误差可以忽略，读数随机绝对误差ΔR为±0.5mm。

$$\frac{\Delta R_1+\Delta R_2}{R_1-R_2}=\frac{2\Delta R_1}{R_1-R_2}=\frac{2\times0.5}{R_1-R_2}$$

压差测量值R_1-R_2与两测压点间的距离l成正比：

$$R_1-R_2=\frac{64}{Re}\cdot\frac{l}{d}\cdot\frac{u^2}{2g}=\frac{64}{2000}\cdot\frac{l}{0.006}\cdot\frac{\left(\frac{9.4\times10^{-6}}{0.785\times0.006^2}\right)^2}{2g}=0.031$$

式中：u——为平均流速(m/s)。

由上式可算出l的变化对压差相对误差的影响见下表2-2。

表2-2　l变化对压差相对误差的影响

l(mm)	R_1-R_2(mm)	$\frac{2\Delta R_1}{R_1-R_2}\times100\%$
500	15	6.7
1000	30	3.3
1500	45	2.2
2000	60	1.6

由表2-2可见，选用$l\geqslant1500$ mm可满足要求，若实验采用$l=1500$ mm其相对误差为：

$$m_3=\frac{\Delta R_1+\Delta R_2}{R_1-R_2}=\frac{2\Delta R_1}{R_1-R_2}=\frac{2\times0.5}{0.03\times1500}\times100\%=2.2\%$$

总误差：

$$Er(\lambda)=\frac{\Delta\lambda}{\lambda}=\pm\sqrt{m_1^2+m_2^2+m_3^2}=\pm\sqrt{(2.2)^2+(0.8)^2+(2.2)^2}=\pm 3.2\%$$

通过以上误差分析可知：

a.为实验装置中两测点间的距离 l 的选定充分提供了依据。

b.直径 d 的误差，因传递系数较大（等于 5），对总误差影响较大，但所选测量 d 的方案合理，这项测量精确度高，对总误差影响反而下降了。

c.现有的测量 V_s 误差显得过大，其误差主要来自体积测量，因而若改用精确度更高一级的量筒，则可以提高实验结果的精确度。

例 2-3　若 l 选用 1.796 m，水温 20 ℃，$R_1-R_2=8.1$ mm，测得出水量为 450 mL 时，所需时间为 319 秒，当 $Re=300$ 时，所测 λ 的相对误差为多少？

解：由例 2-2 知 $m_1=2.2\%$　$m_2=0.8\%$

$$m_3=\frac{2\Delta R_1}{R_1-R_2}=\frac{2\times 0.5}{8.1}\times 100\%=12.3\%$$

$$\mathrm{Er}(\lambda)=\pm\sqrt{m_1^2+m_2^2+m_3^2}=\pm\sqrt{2.2^2+0.8^2+12.3^2}=\pm 12.5\%$$

结果表明，由于压差下降，压差测量的相对误差上升，致使 λ 测量的相对误差增大。当 $Re=300$ 时，λ 的理论值为 $\frac{64}{Re}=0.213$，如果实验结果与此值有差异（例如 $\lambda=0.186$ 或 $\lambda=0.240$），并不一定说明 λ 的测量值与理论值不符，要看偏差大小。像括号中的这种偏差是测量精密度不高引起的，如果提高压差测量精度或者增加测量次数并取平均值，就有可能与理论值相符。以上例子充分说明了误差分析在实验中的重要作用。

第二节　数据处理

实验结束后,通过实验测得原始数据需要进行计算并将最终的实验结果归纳成经验公式或以图表的形式表示,以便清楚地反映各变量之间的定量关系,得到明确的结论。因此由实验获取的数据必须经过正确的处理和分析,只有正确的结论才能经得起检验。实验数据的处理就是将实验测得的一系列数据经过计算整理后用最适宜的方式表示出来,在化工原理实验中常用列表法、图示法和方程表示法三种形式表示。

一、列表法

将实验数据按自变量与因变量的对应关系而列出数据表格形式即为列表法。列表法具有制表容易、简单、紧凑、数据便于比较的优点,是标绘曲线和整理成为方程的基础。实验数据可分为实验数据记录表(原始数据记录表)和实验数据整理表两类。

实验数据记录表是根据实验内容待测数据设计,如流体直管阻力测定实验的实验数据记录表格形式如表 2-3 所示。

表 2-3　流体阻力光滑管实验数据记录表

<table>
<tr><td colspan="8">光滑管:内径 8 (mm)、管长 1.7 (m)</td></tr>
<tr><td colspan="8">液体温度 16 (℃)　液体密度 ρ = 998.46 (kg/m^3)　液体黏度 μ = 1.15×10^{-3} (Pa · s)</td></tr>
<tr><td rowspan="2">序号</td><td rowspan="2">流量(L/h)</td><td colspan="2">直管压差 ΔP</td><td>ΔP</td><td>流速 u</td><td rowspan="2">Re</td><td rowspan="2">λ</td></tr>
<tr><td>(kPa)</td><td>(mmH_2O)</td><td>(Pa)</td><td>(m/s)</td></tr>
<tr><td>1</td><td>1000</td><td>127.1</td><td></td><td></td><td></td><td></td><td></td></tr>
<tr><td>2</td><td>900</td><td>105.3</td><td></td><td></td><td></td><td></td><td></td></tr>
<tr><td>3</td><td>800</td><td>82.0</td><td></td><td></td><td></td><td></td><td></td></tr>
<tr><td>4</td><td>700</td><td>64.5</td><td></td><td></td><td></td><td></td><td></td></tr>
<tr><td>5</td><td>600</td><td>47.3</td><td></td><td></td><td></td><td></td><td></td></tr>
<tr><td>6</td><td>500</td><td>33.9</td><td></td><td></td><td></td><td></td><td></td></tr>
<tr><td>7</td><td>400</td><td>21.5</td><td></td><td></td><td></td><td></td><td></td></tr>
<tr><td>8</td><td>300</td><td>13.5</td><td></td><td></td><td></td><td></td><td></td></tr>
<tr><td>9</td><td>200</td><td>6.1</td><td></td><td></td><td></td><td></td><td></td></tr>
</table>

续表 2-3

光滑管:内径 8 (mm)、管长 1.7 (m)

液体温度 16 (℃)　液体密度 ρ= 998.46 (kg/m^3)　液体黏度 μ= 1.15×10^{-3} (Pa·s)

序号	流量(L/h)	直管压差 ΔP		ΔP	流速 u	Re	λ
		(kPa)	(mmH_2O)	(Pa)	(m/s)		
10	100	2.3					
11	90		156				
12	80		123				
13	70		94				
…							

实验数据整理表是由实验数据经计算整理间接得出的表格形式,表达主要变量之间关系和实验的结论,见表 2-4。

表 2-4　流体阻力光滑管实验数据整理表

光滑管:内径 8 (mm)、管长 1.7 (m)

液体温度 16 (℃)　液体密度 ρ= 998.46 (kg/m^3)　液体黏度 μ= 1.15×10^{-3} (Pa·s)

序号	流量(L/h)	直管压差 ΔP		ΔP	流速 u	Re	λ
		(kPa)	(mmH_2O)	(Pa)	(m/s)		
1	1000	127.1		127100	5.53	38403	0.03919
2	900	105.3		105300	4.98	34563	0.04009
3	800	82.0		82000	4.42	30723	0.03951
4	700	64.5		64500	3.87	26882	0.04059
5	600	47.3		47300	3.32	23042	0.04051
6	500	33.9		33900	2.76	19202	0.04181
7	400	21.5		21500	2.21	15361	0.04143
8	300	13.5		13500	1.66	11521	0.04625
9	200	6.1		6100	1.11	7681	0.04702

续表 2-4

光滑管:内径 8 (mm)、管长 1.7 (m)							
液体温度 16 (℃) 液体密度 ρ= 998.46 (kg/m^3) 液体黏度 μ= 1.15×10^{-3} (Pa·s)							
序号	流量(L/h)	直管压差 ΔP		ΔP	流速 u	Re	λ
		(kPa)	(mmH_2O)	(Pa)	(m/s)		
10	100	2.3		2300	0.55	3840	0.07092
11	90		156	1521	0.50	3456	0.05790
12	80		123	1199	0.44	3072	0.05778
13	70		94	917	0.39	2688	0.05768
…							

根据实验内容设计拟定表格时应注意以下几个问题:

a.表格设计要力求简明扼要,便于阅读和使用。记录、计算项目满足实验要求。

b.表头应列出变量名称、符号、单位,层次清楚、顺序合理。

c.表中的数据必须反映仪表的精度,应注意有效数字的位数。

d.数字较大或较小时应采用科学记数法,例如 $Re=25000$ 可采用科学记数法记作 $Re=2.5\times10^4$,在名称栏中记为 $Re\times10^4$,数据表中可记为 2.5。

e.数据整理时尽可能利用常数归纳法(即转化因子)。例如:计算固定管路中不同流速下的雷诺数时,$Re=\dfrac{du\rho}{\mu}$。其中 d,ρ,μ 为定值。则可归纳为 $Re=Au$,常数 $A=\dfrac{d\rho}{\mu}$,即为转化因子乘以各不同的流速 u,即可得到一系列相应的 Re,可减少重复计算。

f.在数据整理表格后,要求附以某一组数据进行计算示例,表明各项之间的关系,以便阅读或校核。

二、图示法

上述列表法一般难见数据的规律性,为了便于比较和简明直观地显示结果的规律性或变化趋势,常常需要将实验结果用图形表示出来,化工实验中坐标纸的选择基本原则如下:

①直线关系:$y=a+bx$,设一组实验数据变量间符合上述线性关系,选用普通直角坐标纸。

②双对数坐标:双对数坐标纸的横、纵坐标是以对数标度绘制而成,如图 2-2 所示。

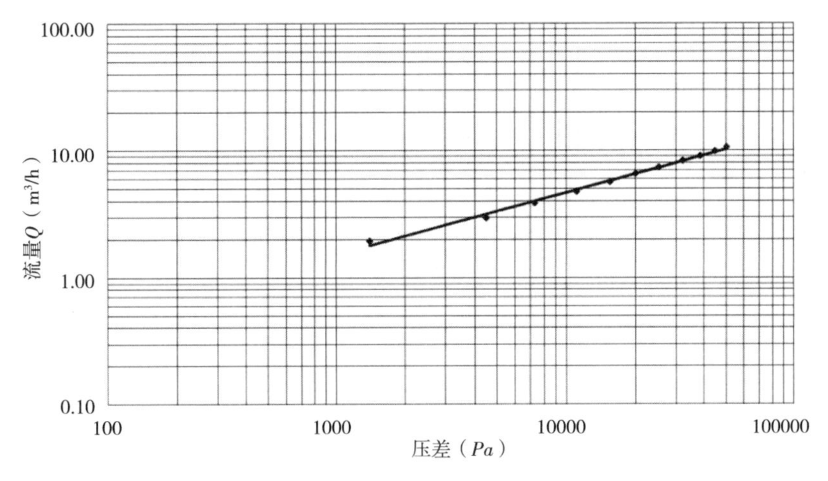

图 2-2　流量计标定流量 Q 与压差 Pa 关联图

(1)对数坐标的特点。

对数坐标的特点是:某点与原点的距离为该点表示量的对数值,但是该点标出的量是其本身的数值,例如对数坐标上标着 5 的一点至原点的距离是 lg5＝0.7,如图 2-3。

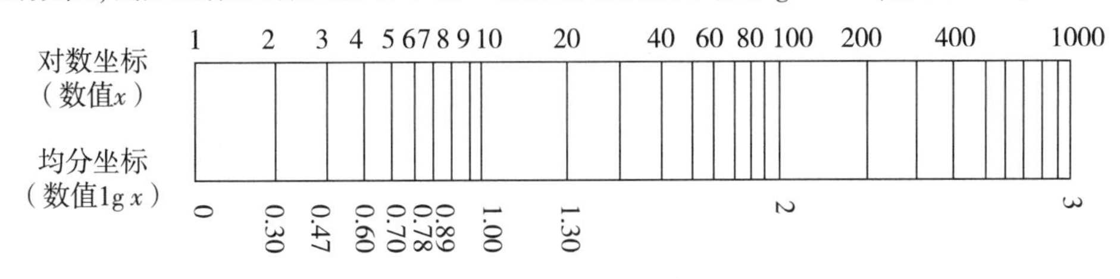

图 2-3　对数坐标的特点

图 2-3 中上面一条线为 x 的对数刻度,而下面一条线为 $\lg x$ 的线性(均匀)刻度。对数坐标上 1,10,100,1000 之间的实际距离是相同的,因为上述各数相应的对数值为 0,1,2,3,这在线性(均匀)坐标上的距离相同。

在对数坐标上的距离(用均匀刻度的尺来量)表示为数值之对数差,即 $\lg x_1-\lg x_2$。

$$\lg x_1 - \lg x_2 = \lg \frac{x_1}{x_2} = \lg\left(1 - \frac{x_1 - x_2}{x_2}\right)$$

因此,在对数坐标纸上,任何实验点与图纸的直线距离(指均匀分度尺)相同,则各点与图线的相对误差相同。

在对数坐标纸上,一直线的斜率应为:

$$\mathrm{tg}n = \frac{\lg y_2 - \lg y_1}{\lg x_2 - \lg x_1}$$

由于 $\Delta\lg y$ 与 $\Delta\lg x$ 分别为纵坐标与横坐标上的距离 L_x 与 L_y,所以可用尺量出直线上 1,2 两点之间的水平及垂直距离 L_x、L_y,由图 2-4 所示,其斜率:

$$n = \frac{\text{量出 1 和 2 两点间垂直距离的数量}L_y}{\text{量出 1 和 2 两点间水平距离的数值}L_x}$$

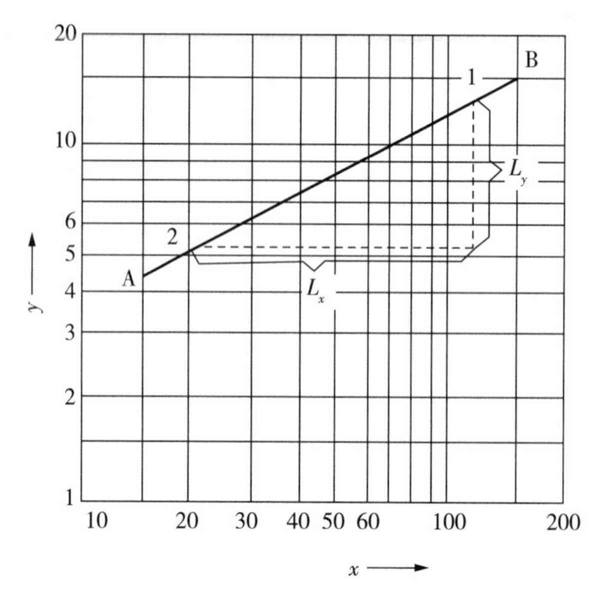

图 2-4　双对数坐标纸上直线斜率和截距的求法

(2)选用双对数坐标纸的基本原则。

① 适用于幂函数 $y = ax^n$,使非线性关系变换成线性关系。

幂函数在普通直角坐标上标绘是一条曲线,采用双对数坐标标绘可使之线性化,将上述幂函数等式两边取对数,则 $\lg y = n\lg x + \lg a$

令:$\lg y = Y \lg x = X \lg a = B$

则上式变换为 $Y = nX + B$,即为线性方程。

②适用于所研究的函数 y 和自变量 x 在数值上均变化了几个数量级。例如,已知 x 和 y 的数据为:

x = 10,20,40,60,80,100,1000,2000,3000,4000

y = 2,14,40,60,80,100,177,181,188,200

在直角坐标上作图几乎不可能描出在 x 的数值等于 10,20,40,60,80 时曲线开始部分的点,但是采用对数坐标则可以得到比较清楚的曲线。

(3)半对数坐标。

半对数坐标纸的一个轴是分度均匀的普通坐标轴,另一个轴是分度不均匀的对数坐标轴,如图 2-5 所示。

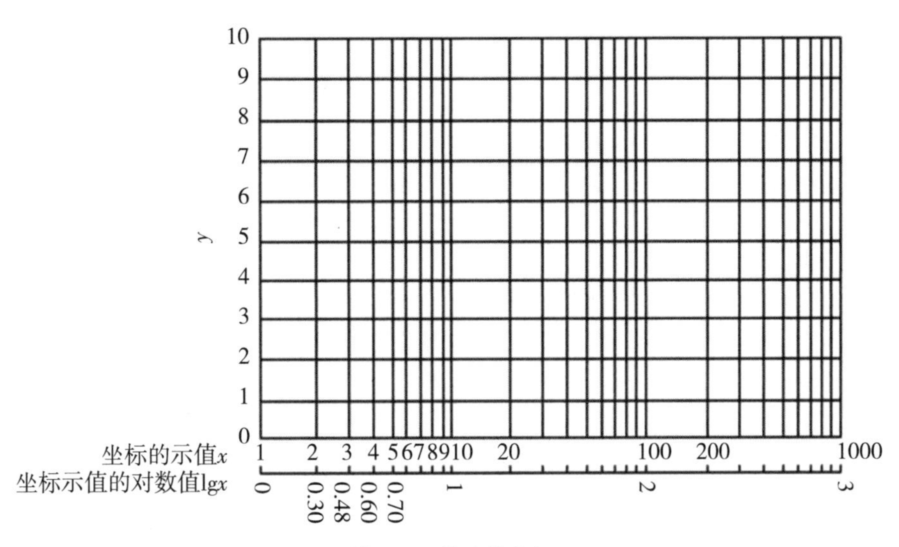

图 2-5　半对数坐标

下列情况下可考虑用半对数坐标：

a.变量之一在所研究的范围内发生几个数量级的变化。

b.在自变量由零开始逐渐增大的初始阶段，当自变量的少许变化引起因变量极大变化时，此时采用半对数坐标纸，曲线最大变化范围可伸长，使图形轮廓清楚。

c.适用于指数函数 $y = ae^{bx}$，使其变换为直线函数关系。将上式等号两边取自然对数，则 $\ln y = \ln a + bx$，所以 $\ln y$ 与 x 呈直线关系。

(4)坐标的分度。

坐标的分度指每条坐标轴所代表数值的大小，即选择适当的比例尺。

为了得到理想的图形，在已知量 x 和 y 的误差 Δx 与 Δy 情况下，比例尺的取法应使实验“点”的边长为 $2\Delta x$，$2\Delta y$，并且使 $2\Delta x = 2\Delta y = 1 \sim 2$ mm，则

x 轴的比例尺 M_x 为：

$$M_x = \frac{2}{2\Delta x} = \frac{1}{\Delta x}$$

y 轴的比例尺 M_y 为：

$$M_y = \frac{2}{2\Delta y} = \frac{1}{\Delta y}$$

如已知温度误差 $\Delta T = 0.05$ ℃，则

$$M_r = \frac{1}{0.05} = 20$$

温度的坐标分度为 20 mm 长，若感觉太长，可取 $2\Delta x = 2\Delta y = 1$ mm 此时的 1 ℃坐标为 10 mm长。

(5)坐标纸的使用及实验数据的标绘。

①按照使用习惯取横轴为自变量,纵轴为因变量,并标明各轴代表的名称、符号和单位。

②根据标绘数据的大小对坐标轴进行分度,所谓坐标轴分度就是选择坐标每刻度代表数值的大小。坐标轴的最小刻度标示出实验数据的有效数字,同时在刻度线上加注便于阅读的数字。

③坐标原点的选择,在一般的情况下,对普通直角坐标原点不一定从零开始,应视标绘数据的范围而定,可以选取最小数据将原点移到适当位置,对于对数坐标,坐标轴刻度是按1、2……10 的对数值大小划分的,每刻度为真数值。当用坐标表示不同大小的数据时,其分度要遵循对数坐标规律,只可将各值乘以10^n倍(n 取正负整数),而不能任意划分。因此,坐标轴的原点只能取对数坐标轴上规定的值做原点,而不能任意确定。

④标绘的图形占满整幅坐标纸,匀称居中,避免图形偏于一侧。

⑤标绘数据和曲线:将实验结果依自变量和因变量关系,逐点标绘在坐标纸上。若在同一张坐标纸上,同时标绘几组数据,则各实验点要用不同符号(如●,×,▲,○,◆等)加以区别。根据实验点的分布绘制一条光滑曲线,该曲线应通过实验点的密集区,使实验点尽可能接近该曲线,且均匀分布于曲线的两侧,个别偏离曲线较远的点应加以剔除。

三、方程表示法

在化工实验数据处理中,除了用表格和图形描述变量的关系外,常常需要将实验数据或计算结果用数学方程或经验公式的形式表示出来。

在化学工程中,经验公式通常都表示成无因次的数群或准数关系式,确定公式中的常数和待定系数是实验数据方程表示法的关键。

求解经验公式或准数关系式中的常数和待定系数的方法很多,下面介绍最常用的图解法、选点法、平均值法和最小二乘法。

1.图解法

图解法仅限于具有线性关系或非线性关系式通过转换成线性关系的函数式常数的求解。首先选定坐标系,将实验数据在图上标绘成直线,求解直线斜率和截距,而确定线性方程的各常数。

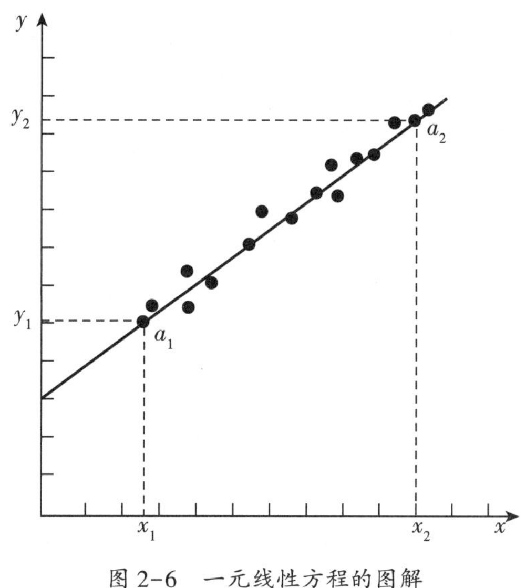

图 2-6　一元线性方程的图解

(1)一元线性方程的图解。

设一组实验数据变量间存在线性关系:$y = a + bx$。通过图解确定方程中斜率 b 和截距 a,如图 2 - 6 所示。在图中选取适宜距离的两点 $a_1(x_1,y_1)$,$a_2(x_2,y_2)$,直线的斜率为:$b = \frac{y_2 - y_1}{x_2 - x_1}$。直线的截距,若 x 坐标轴的原点为0,可以在 y 轴上直接读取值(因为 $x = 0, y = a$)。或可用外推法,使直线延长交于纵轴于一点 c,c 则为直线的截距。否则,由下式计算:

$$a = \frac{y_1 x_2 - y_2 x_1}{x_2 - x_1}$$

以上式中$a_1(x_1,y_1)$,$a_2(x_2,y_2)$,是从直线上选取的任意两点值。为了获得最大准确度,尽可能选取直线上具有整数值的点,a_1,a_2 点距离以大为宜。

若在对数坐标上用图解法求斜率时请注意斜率的正确求法。

(2)二元线性方程的图解。

若在实验研究中,所研究对象的物理量即因变量与两个变量呈线性关系,可采用以下函数式表示:$y = a + b x_1 + c x_2$

上式方程为二元线性方程函数式。可用图解法确定式中常数:a,b,c。首先令其中一变量恒定不变,如使 x_1 视为常数,则上式可改写成:$y = d + c x_2$($d = a + bx_1$ = 常数)。

由 y 与x_2的数据可在直角坐标中标绘出一直线,如图 2-7(a)所示。采用上述图解法可确定x_2的系数 c。

在图 2-7(a)中直线上任取两点 $e_1(x_{21},y_1)$,$e_2(x_{22},y_2)$,则有:

$$c = \frac{y_2 - y_1}{x_{22} - x_{21}}$$

当 c 求得后,将其代入原式中并将原式重新改写成以下形式;

$$y - c\,x_2 = a + b\,x_1$$

令 $y' = y - c\,x_2$,可得新的线性方程:

$$y' = a + b\,x_1$$

由实验数据 y,x_2 和 c 计算得 y',由 y' 与 x 在图 2 - 7(b) 中标绘其直线,并在该直线上任取 $f_1(x_{11},y_1')$,$f_2(x_{12},y_2')$ 两点。由 f_1,f_2 两点即可确定 a,b 两个常数:

$$b = \frac{y_2' - y_1'}{x_{12} - x_{11}}$$

$$a = \frac{y_1'\,x_{12} - y_1'\,x_{11}}{x_{12} - x_{11}}$$

在确定 b,a 时,其自变量 x_1,x_2 应同时改变,才使其结果覆盖整个实验范围。

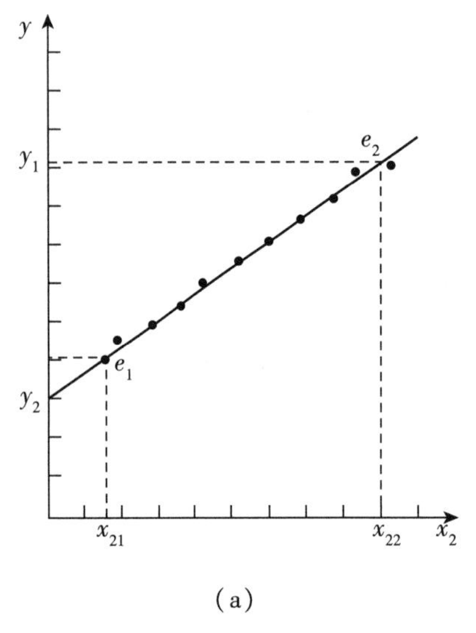

(a)

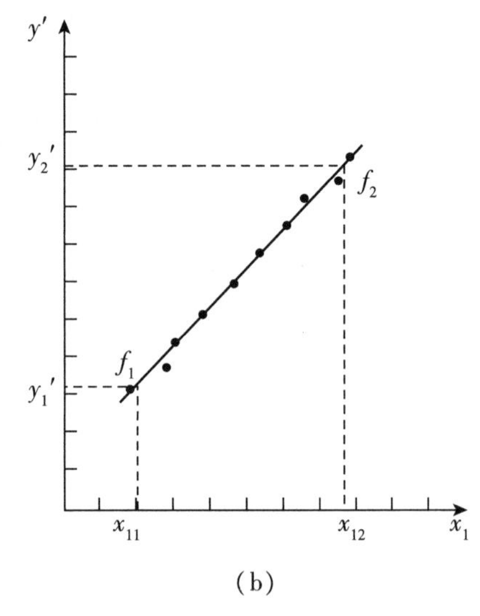

(b)

图 2-7 二元线性方程的图解

2. 选点法

选点法亦称联立方程法,此法适用于实验数据精度很高的条件下,否则所得函数将毫无意义。具体步骤是:

(1)选择适宜经验方程式, $y = f(x)$。

(2)建立待定常数方程组。

若选定经验方程式为: $y = a + bx$,

则从实验数据中选出两个实验点数据 (x_1,y_1) ,(x_2,y_2) 代入上式中得:

$$\begin{cases} a + b\,x_1 = y_1 \\ a + b\,x_2 = y_2 \end{cases}$$

(3)联立求解以上方程,即可解得常数 a、b。

选点法也可与图解法结合起来。先将实验数据标绘在坐标纸上，在实验数据点之间用一直尺画出一条能代表所有数据的直线，该直线两侧的实验点均匀分布接近直线，在这直线两端选取两点，将其代入经验公式，解联立方程即可求出常数。

3.平均值法

当函数式是线性的，或者可线性化，则该函数适合 $Y = A + BX$ 。列出条件方程 $Y_i = A + B X_i$ ，使条件方程的数目 n 等于已知的实验个数，然后按照偶数相等，或奇数近似相等的原则，将条件方程相加，得出下列两个方程：

$$\sum_{1}^{m} Y_i = mA + B\sum_{1}^{m} X_i$$

$$\sum_{m+1}^{n} Y_i = (n - m)A + B\sum_{m+1}^{n} X_i$$

解之，即可求得系数 A 和 B 的值。

例 2-4 由传热实验得 Re 与 $N_u / P_r^{0.4}$ 的一组数据，见表 2-5。

表 2-5 Re 与 $N_u / P_r^{0.4}$ 实验数据

Re	4.25×10^4	3.72×10^4	3.45×10^4	3.18×10^4	2.56×10^4	2.14×10^4
$N_u / P_r^{0.4}$	86.7	82.1	78.0	70.0	61.2	53.9

其经验方程式：

$$N_u / P_r^{0.4} = A R_e^n$$

试用平均值法确定其中的系数 A、n。

解：对经验公式取对数后使其线性化，得：

$$\lg(N_u / P_r^{0.4}) = \lg A + n\lg Re$$

上述数据取对数，整理后得表 2-6。

表 2-6 $\lg Re$ 与 $\lg (N_u/P_r^{0.4})$ 数据整理结果

$\lg Re$	4.6284	4.5705	4.5378	4.5024	4.4082	4.3324
$lg(N_u/P_r^{0.4})$	1.9380	1.9143	1.8921	1.8451	1.7868	1.7316

根据上述数据分成相等两组，然后再相加得表 2-7。

表 2-7 数据整理结果表

$1.9380 = A + 4.6284B$	$1.8451 = A + 4.5024B$
$1.9143 = A + 4.5705B$	$1.7868 = A + 4.4082B$
$1.8921 = A + 4.5378B$	$1.7316 = A + 4.3324B$
$5.7444 = 3A + 13.7367B$	$5.3636 = 3A + 13.2430B$

解此方程组

$$\begin{cases} 5.7444 = 3A + 13.7367B \\ 5.3636 = 3A + 13.2430B \end{cases}$$

得:$B=0.77, A=0.024$

所以所求的准数方程式为:

$$N_u / P_r^{0.4} = 0.024\ R_e^{0.77}$$

4. 最小二乘法

在图解时,坐标纸上标点会有误差,而根据点的分布确定直线位置时,具有人为性。因此用图解法确定直线斜率及截距常常不够准确。较准确的方法是最小二乘法。它的原理是:最佳的直线就是能使各数据点同回归线方程求出值的偏差的平方和为最小,也就是落在该直线一定的数据点其概率为最大,下面具体推导其数学表达式。

(1)一元线性回归。

已知 N 个实验数据点$(x_1, y_1), (x_2, y_2), \cdots, (x_N, y_N)$。

设最佳线性函数关系式为 $y=b_0+b_1x$。则根据此式 N 组 x 值可计算出各组对应的 y'值:

$$y_1' = b_0 + b_1x_1$$

$$y_2' = b_0 + b_1x_2$$

$$\cdots\cdots\cdots\cdots$$

$$y_N' = b_0 + b_1x_N$$

而实测时,每个 x 值所对应的值为 $y_1, y_2\cdots, y_N$,所以每组实验值与对应计算值 y'的偏差 δ 应为:

$$\delta_1 = y_1 - y_1' = y_1 - (b_0 + b_1x_1)$$

$$\delta_2 = y_2 - y_2' = y_2 - (b_0 + b_1x_2)$$

$$\cdots\cdots\cdots\cdots$$

$$\delta_N = y_N - y_N' = y_N - (b_0 + b_1x_N)$$

按照最小二乘法的原理,测量值与真值之间的偏差平方和为最小。

$\sum\limits_{i=1}^{n} \delta_i^2$ 最小的必要条件为:

$$\begin{cases} \dfrac{\partial(\sum \delta_i^2)}{\partial b_0} = 0 \\ \dfrac{\partial(\sum \delta_i^2)}{\partial b_1} = 0 \end{cases}$$

展开可得:

$$\frac{\partial(\sum \delta_i^2)}{\partial b_0} = -2[y_1 - (b_0 + b_1x_1)] - 2[y_2 - (b_0 + b_1x_2)] - \cdots - 2[y_N - (b_0 + b_1x_N)] = 0$$

$$\frac{\partial(\sum \delta_i^2)}{\partial b_1} = -2x_1[y_1-(b_0+b_1x_1)]-2x_2[y_2-(b_0+b_1x_2)]-\cdots-2x_N[y_N-(b_0+b_1x_N)]=0$$

写成和式

$$\begin{cases}\sum y - Nb_0 - b_0\sum x = 0\\ \sum xy - b_0\sum x - b_1\sum x^2 = 0\end{cases}$$

联立解得：

$$\begin{cases}b_0 = \dfrac{\sum x_i y_i \cdot \sum x_i - \sum y_i \cdot \sum x_i^{\ 2}}{(\sum x_i)^2 - N(\sum x_i)^2}\\ b_1 = \dfrac{\sum x_i \cdot \sum y_i - N\sum x_i \cdot y}{(x_i^{\ 2}) - N\sum x_i^{\ 2}}\end{cases}$$

由此求得的截距为 b_0，斜率为 b_1 的直线方程，就是关联各实验点最佳的直线。

(2)线性关系的显著检验——相关系数。

在我们解决如何回归直线以后，还存在检验回归直线有无意义的问题，我们引进一个叫相关系数(r)统计计量，用来判断两个变量之间的线性相关的程度。

$$r = \frac{\sum_{i=1}^{n}(x-\bar{x})\cdot(y-\bar{y})}{\sqrt{\sum_{i=1}^{n}(x-\bar{x})^2\cdot\sum_{i=1}^{n}(y-\bar{y})^2}}$$

式中：

$$\bar{x} = \frac{1}{N}\sum_{i=1}^{n} x_i;\bar{y} = \frac{1}{N}\sum_{i=1}^{n} y_i$$

在概率中可以证明，任意两个随机变量的相关系数的绝对值不大于1。即

$$|r| \leqslant 1 \text{ 或 } 0 \leqslant |r| \leqslant 1$$

r 的物理意义是表示两个随机变量 x 和 y 的线性相关的程度，现分几种情况加以说明。

a.当 $r=\pm 1$ 时，即 N 组实验值(x_i,y_i)全部落在直线 $y'=b_0+b_1x$ 上，此时称为完全相关。

b.当 $|r|$ 越接近1时，即 N 组实验值(x_i,y_i)越靠近直线 $y'=b_0+b_1x$，变量 y 与 x 之间关系越近于线性关系。

c.当 $r=0$，变量之间就完全没有线性关系了。但是应该指出，当 r 很小时，表现不是线性关系，但不等于就不存在其他关系。

第三节 Excel 2019 软件处理实验数据示例

以 Excel 2019 软件处理精馏实验数据为例,精馏塔整个设备高 3.0 m 左右,共 10 层塔板,板间距 100 mm,出口堰高 10 mm,精馏塔内径 50 mm,每层塔板有 37 个筛孔,筛孔直径 2 mm,塔釜采用 2 kW 电热棒加热,塔顶冷凝器为全凝器。实验采用乙醇-水二元物系,全回流操作,某位学生精馏实验数据如下:塔顶馏出液组成 $x_D=0.8182$(摩尔分数,下同),釜液组成 $x_W=0.0329$。

将乙醇-水汽液平衡曲线分成三段拟合。分段区间分别为:$y\in[0,0.0451]$、$y\in[0.0451,0.6470]$、$y\in[0.6470,0.8941]$,相应区间的趋势线方程分别为式(2-23)、(2-24)、(2-25)。

$$x=0.4112y^2+0.0677y+5E-06 \tag{2-23}$$

$R^2=0.9997\ (0\leqslant y\leqslant 0.0451)$

$$x=33.562y^5+65.247y^4-40.63y^3+10.736y^2-1.0185y+0.0336 \tag{2-24}$$

$R^2=0.9992\ (0.0451\leqslant y\leqslant 0.6470)$

$$x=5.0771y^3-14.027y^2+14.136y-4.1595 \tag{2-25}$$

$R^2=0.9999\ (0.6470\leqslant y\leqslant 0.8941)$

1. Excel 2019 **操作步骤如下:**

(1)启动 Excel 2019 软件,建立一个工作簿,在单元格 B1、C1、D1、E1 中分别输入“x_D”“0.8182”“x_W”“0.0329”,在单元格 B2、C2、B3、C3 中分别输入“x”“y”“=C1”“=C1”。

(2)在单元格 C4 中输入:“=B3”,即由 x_D计算 $y1$。

(3)在单元格 D4、E4、F4 中分别输入:

“=0.4112 * C4^2+0. 0677 * C4+0.000005”;

“=-33.562 * C4^5+65.247 * C4^4-40.63 * C4^3+10.746 * C4^2-1.0185 * C4+0.0336”;

“=5.07711 * C4^3-14.027 * C4^2+14.136 * C4-4.1595”;

分别输入公式(2-23)、(2-24)、(2-25)。

(4)在单元格 B4 中输入:

“=IF(INT(A4/2)-A4/2<>0,C4,IF(C4<0.0451,D4,IF(C4<0.647,E4,F4)))”

根据 IF 函数判断(B4,C4)点是位于相平衡线上还是操作线上来确定 x 的值。

(5)选中 B 列,条件格式设为:小于“= $ E $ 1”为“红色文本”,即 B 列数值小于釜液组成 x_W时,显示为红色。这里说明一下,如此设置是为了更直观地显示计算结果,软件中显示为红色,文中则是黑白色。

(6)选中 C4 单元格,鼠标左键按住 C4 单元格右下角的“+”填充柄向下拖拉至单元格 C17,以复制公式到 C5:C17。用相同的方法在单元格 D5:D17、E5:E17、F5:F17、B5:B17 中分别复制单元格 D4、E4、F4、B4 的公式。计算出相应数据,如图 2-8 所示。从计算结果可以看出计算至第 16 行就可以结束,因此时 B16 小于釜液组成 x_W 并且软件中显示为红色,但为了能绘制出完整的精馏塔梯级图,故多计算了一行。

A1

	A	B	C	D	E	F
1		X_D	0.8182	X_w	0.0329	
2		x	y			
3	1	0.8182	0.8182	(0,0.0451)	(0.0451,0.6470)	(0.6470,0.8941)
4	2	0.7971	0.8182	0.3307	1.0739	0.7971
5	3	0.7971	0.7971	0.3153	1.0125	0.7674
6	4	0.7673	0.7971	0.3153	1.0125	0.7674
7	5	0.7673	0.7673	0.2940	0.9143	0.7222
8	6	0.7223	0.7673	0.2940	0.9143	0.7222
9	7	0.7223	0.7223	0.2634	0.7546	0.6460
10	8	0.6460	0.7223	0.2634	0.7546	0.6460
11	9	0.6460	0.6460	0.2153	0.4940	0.4874
12	10	0.4941	0.6460	0.2153	0.4940	0.4874
13	11	0.4941	0.4941	0.1338	0.1532	0.0131
14	12	0.1532	0.4941	0.1338	0.1532	0.0131
15	13	0.1532	0.1532	0.0200	0.0168	-2.3048
16	14	0.0168	0.1532	0.0200	0.0168	-2.3048
17	15	0.0168	0.0168	0.0012	0.0193	-3.9260
18						

图 2-8　逐板计算气液相组成

从图 2-8 可以看出,整个计算过程共用了 7 次相平衡方程,且最后 1 次用相平衡方程所得数据 B16 小于釜液组成 x_w,故全塔所需理论板数

$$N_T=6+(0.1532-0.0329)/(0.1532-0.0168)=6.9(\text{块})$$

需要注意的是,6.9 块理论板是包含塔釜再沸器的,计算全塔效率时一定要减去,这一点不少文献忽视了。实际塔板数 $N=10$,塔顶冷凝器为全凝器,则全塔效率

$$E_T=(6.9-1)/10=59.00\%$$

2. 利用 Excel 2019 的图表功能绘制梯级图,步骤如下:

(1)打开 sheet2,在 A1、B1 单元格中输入列标题“x”“y”,在 A、B 两列中输入表 1 中的乙醇-水汽液相平衡数据;

(2)将 sheet1 中的列 B、C 的 x、y 数据复制到 sheet2 中的 C、D 两列;

(3)在单元格 F2、F3 中输入 0、1,在 G2、G3 中输入 0、1;

(4)在单元格 F5、F6 中输入“=C2”“=C2”,在 G5、G6 中输入 0、“=C2”;

(5)在单元格 F8、F9 中输入“=sheet1! E1”“=sheet1! E1”,在 G8、G9 中输入 0、“=

sheet1！E1”；

(6)选择 A2、B2 单元格区域，利用图表向导插入 x、y 散点图；

(7)选中绘图区，单击鼠标右键选择数据源选项，添加 5 个系列，为各系列选择 x、y 值的数据区域，即可得到图 2-9 所示梯阶图。各系列的 x、y 区域如下：

系列 2：x=sheet2！ $ C $ 2： $ C $ 16，y=sheet2！ $ D $ 2： $ D $ 16；添加乙醇-水二元物系的汽液相平衡线。

系列 3：x=sheet2！ $ F $ 2： $ F $ 3，y=sheet2！ $ G $ 2： $ G $ 3；添加操作线，全回流时操作线与对角线重合。

系列 4：x=sheet2！ $ F $ 5： $ F $ 6，y=sheet2！ $ G $ 5： $ G $ 6；添加塔顶组成 xD 至操作线之间的竖线。

系列 5：x=sheet2！ $ F $ 8： $ F $ 9，y=sheet2！ $ G $ 8： $ G $ 9；添加塔底组成 xw 至操作线之间的竖线。

系列 6：x=sheet2！ $ F $ 11： $ F $ 12，y=sheet2！ $ G $ 11： $ G $ 12；人为添加的一条竖线，作为高浓度区局部放大图的分界线。

以上添加的系列 2 至系列 6，看着很复杂不易输入，其实是点击鼠标操作时在 Excel“编辑栏”自动生成的，不用担心操作麻烦及输入错误。

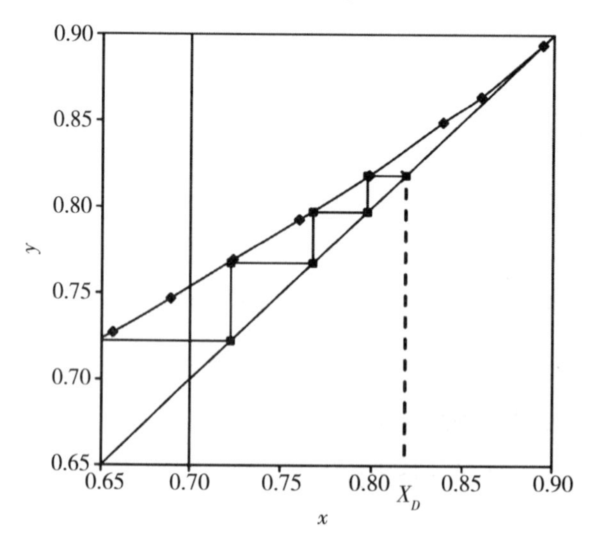

图 2-9 精馏塔梯级图

从图 2-9 可知，在高浓度区操作线与相平衡线距离很近，不易作图。为便于观察清楚，可做高浓度区局部放大图。这里再次利用 Excel 强大的绘图功能，Excel 图表为电子图表，局部放大图不需要重新绘制，只需将原图复制，修改一下坐标即可，如图 2-10 所示。

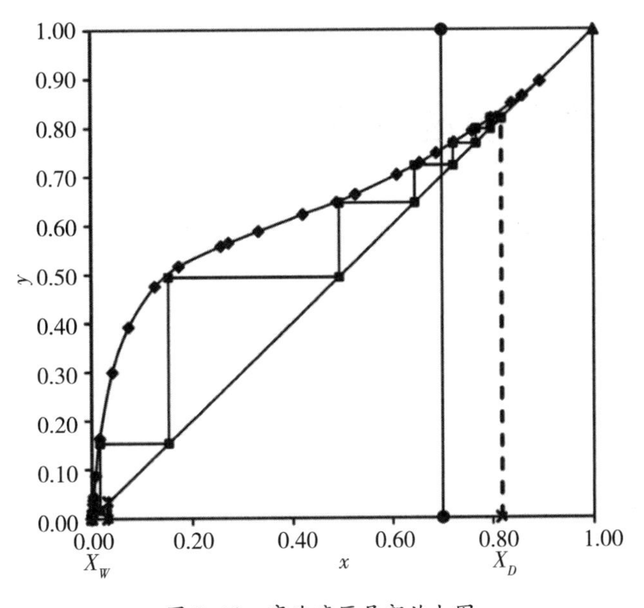

图 2-10　高浓度区局部放大图

第四节　实验报告的基本内容及要求

实验报告应体现预习、实验记录和实验报告，实验报告格式见表 2-8。

表 2-8　化工原理实验报告

学院：　　　　　　　　　专业：　　　　　　　　　班级：

姓　名		学　号		实验组	
实验时间		指导教师		成　绩	
实验项目名称					
实验目的					
实验要求					
实验原理					
实验仪器					
实验步骤					
原始数据					
典型计算					
数据整理					
实验总结					
指导教师意　见	签名　　　年　　月　　日				

注：若报告内容过多，表格可自行增加。

1.实验预习

在实验前每位同学都需要对本次实验进行认真预习,并写好预习报告。在预习报告中要写出实验目的、要求,需要用到的仪器设备、物品资料以及简要的实验步骤,形成实验操作提纲,对实验中的安全注意事项及可能出现的现象等做到心中有数。

设计性实验要求进入实验室前写出实验方案。

2.实验记录

学生开始实验时,应将记录本放在近旁,将实验中所做的每一步操作、观察到的现象和所测得的数据及相关条件如实地记录下来。

实验记录中应有指导教师的签名。

3.数据处理

实验数据处理需详细写出典型计算步骤,数据处理结果填入数据记录表;选用相应坐标纸绘制实验内容中要求绘制的曲线。

4.实验总结

主要内容包括对实验数据、实验中的特殊现象、实验操作的成败、实验的关键点等内容进行整理、解释、分析总结,回答思考题,得出实验结论或提出自己的看法等。

第三章　化工原理综合实验

第一节　流体力学综合实验——管内流动阻力及离心泵特性曲线测定实验

一、实验目的

(1)掌握光滑直管、粗糙直管阻力系数的测量方法,并绘制光滑管及粗糙管的 $\lambda-Re$ 曲线,将其与摩擦系数图进行比较。

(2)掌握阀门局部阻力系数的测量方法。

(3)了解各种流量计的结构、性能及特点,掌握其使用方法;掌握流量计标定方法,会测定并绘制文丘里、孔板、喷嘴流量计的流量标定曲线(流量-压差关系)及流量系数和雷诺数之间的关系。

(4)了解离心泵的结构、操作方法,掌握离心泵特性曲线测定方法,掌握离心泵管路特性曲线测定方法,并能绘制相应曲线。

二、实验内容

(1)测定光滑直管和粗糙直管摩擦阻力系数,绘制光滑管及粗糙管的 $\lambda-R_e$ 曲线。

(2)测定阀门的局部阻力系数。

(3)测定并绘制文丘里、孔板、喷嘴流量计(三选一)流量标定曲线(流量-压差关系)及流量系数和雷诺数之间的关系。

(4)测量离心泵的特性曲线,测量离心泵管路特性曲线,并绘制相应曲线;确定其最佳工作范围。

三、实验原理、方法和手段

1.流体阻力实验

(1)直管摩擦系数 λ 与雷诺数 Re 的测定:

直管的摩擦阻力系数是雷诺数和相对粗糙度的函数，即 $\lambda = f(Re, \varepsilon/d)$，对一定的相对粗糙度而言，$\lambda = f(Re)$。

流体在一定长度等直径的水平圆管内流动时，其管路阻力引起的能量损失为：

$$w_f = \frac{p_1 - p_2}{\rho} = \frac{\Delta p_f}{\rho} \tag{3-1}$$

又因为摩擦阻力系数与阻力损失之间有如下关系（范宁公式）：

$$w_f = \frac{\Delta p_f}{\rho} = \lambda \frac{l}{d} \frac{u^2}{2} \tag{3-2}$$

整理（3-1）和（3-2）两式得

$$\lambda = \frac{2d}{\rho \cdot l} \cdot \frac{\Delta p_f}{u^2} \tag{3-3}$$

$$R_e = \frac{d \cdot u \cdot \rho}{\mu} \tag{3-4}$$

式中：d——管径，m；

Δp_f——直管阻力引起的压强降，Pa；

l——管长，m；

u——流速，m/s；

ρ——流体的密度，kg/m^3；

μ——流体的黏度，$N \cdot s/m^2$。

在实验装置中，直管段管长 l 和管径 d 都已固定。若水温一定，则水的密度 ρ 和黏度 μ 也是定值。所以本实验实质上是测定直管段流体阻力引起的压强降 Δp_f 与流速 u（流量 V）之间的关系。

根据实验数据和式（3-3）可计算出不同流速下的直管摩擦系数 λ，用式（3-4）计算对应的 Re，从而整理出直管摩擦系数和雷诺数的关系，绘出 λ 与 Re 的关系曲线。

（2）局部阻力系数 ζ 的测定：

$$w'_f = \frac{\Delta p'_f}{\rho} = \zeta \frac{u^2}{2} \tag{3-5}$$

$$\zeta = \left(\frac{2}{\rho}\right) \cdot \frac{\Delta p'_f}{u^2} \tag{3-6}$$

式中：ζ——局部阻力系数，无因次；

$\Delta p'_f$——局部阻力引起的压强降，Pa；

w'_f——局部阻力引起的能量损失，J/kg。

局部阻力引起的压强降 $\Delta p'_f$ 可用下面的方法测量：在一条各处直径相等的直管段上，安

装待测局部阻力的阀门,在其上、下游开两对测压口 $a-a'$ 和 $b-b'$,见图 3-1,则有:

$$ab=bc;a'b'=b'c'$$

则 $\Delta P_{f,ab}=\Delta P_{f,bc}$;

$\Delta P_{f,a'b'}=\Delta P_{f,b'c'}$

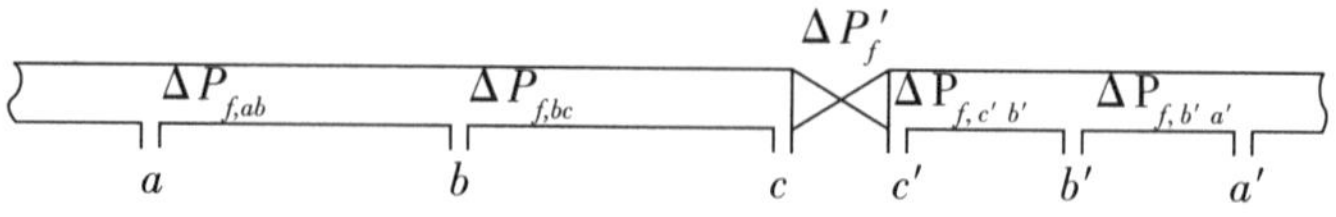

图 3-1 局部阻力测量取压口布置图

在 $a\sim a'$ 之间列柏努利方程式:

$$P_a-P_{a'}=2\Delta P_{f,ab}+2\Delta P_{f,a'b'}+\Delta P_f' \tag{3-7}$$

在 $b\sim b'$ 之间列柏努利方程式:

$$\begin{aligned}P_b-P_{b'}&=\Delta P_{f,bc}+\Delta P_{f,b'c'}+\Delta P_f'\\&=\Delta P_{f,ab}+\Delta P_{f,a'b'}+\Delta P_f'\end{aligned} \tag{3-8}$$

联立式(3-7)和(3-8),则

$$\Delta p'_f=2(P_b-P_{b'})-(P_a-P_{a'}) \tag{3-9}$$

为了实验方便,称 $(P_b-P_{b'})$ 为近点压差,称 $(P_a-P_{a'})$ 为远点压差。其数值用差压传感器来测量。

2.流量计性能测定

流体通过节流式流量计时在上、下游两取压口之间产生压强差,它与流量的关系为:

$$V_s=C_0A_0\sqrt{\frac{2(p_{上}-p_{下})}{\rho}} \tag{3-10}$$

式中:V_s——被测流体(水)的体积流量,m^3/s;

C_0——流量系数,无因次;

A_0——流量计节流孔截面积,m^2;

$p_{上}-p_{下}$——流量计上、下游两取压口之间的压强差,Pa;

ρ——被测流体(水)的密度,kg/m^3。

用涡轮流量计作为标准流量计来测量流量 V_{s0},每一个流量在压差计上都有一对应的读数,将压差计读数 ΔP 和流量 V_s 绘制成一条曲线,即流量标定曲线。同时利用上式整理数据可进一步得到 C_0-Re 关系曲线。

3.离心泵性能测定实验

离心泵的特征方程是从理论上对离心泵中液体质点的运动情况进行分析研究后,得出的离心泵压头与流量的关系。离心泵的性能受到泵的内部结构、叶轮形式和转数的影响,在实际工作中,其内部流动的规律比较复杂,实际压头要小于理论压头。因此,离心泵的扬程尚不能从理论上作出精确的计算,需要实验测定。

①扬程 H 的测定：

在泵的吸入口和排出口之间列柏努利方程

$$z_{入}+\frac{p_{入}}{\rho g}+\frac{u_{入}^{2}}{2g}+H=z_{出}+\frac{p_{出}}{\rho g}+\frac{u_{出}^{2}}{2g}+h_{f入-出}$$

$$H=(z_{出}-z_{入})+\frac{p_{出}-p_{入}}{\rho g}+\frac{u_{出}^{2}-u_{入}^{2}}{2g}+h_{f入-出} \tag{3-11}$$

上式中 $h_{f入-出}$是泵的吸入口和排出口之间管路内的流体流动阻力，与柏努利方程中其他项比较，$h_{f入-出}$值很小，故可忽略。于是上式变为：

$$H=(z_{出}-z_{入})+\frac{p_{出}-p_{入}}{\rho g}+\frac{u_{出}^{2}-u_{入}^{2}}{2g} \tag{3-12}$$

将测得的$(z_{出}-z_{入})$和$(p_{出}-p_{入})$的值以及计算所得的$u_{入}$，$u_{出}$代入上式即可求得 H 的值。

②轴功率 N 的测定：

功率表测得的功率为电动机的输入功率。泵由电动机直接带动，传动效率可视为 1，电动机的输出功率等于泵的轴功率，即：

泵的轴功率 N=电动机的输出功率，kW；

电动机的输出功率=电动机的输入功率×电动机的效率，kW；

泵的轴功率=功率表读数×电动机效率，kW。

③效率 η 的测定：

$$\left.\begin{aligned}\eta&=\frac{Ne}{N}\\ Ne&=\frac{HQ\rho g}{1000}=\frac{HQ\rho}{102}\end{aligned}\right\} \tag{3-13}$$

式中：η——泵的效率；

N——泵的轴功率，kW；

Ne——泵的有效功率 kW；

H——泵的扬程，m；

Q——泵的流量，m^3/s；

ρ——水的密度，kg/m^3。

4.管路特性的测定实验

当离心泵在特定的管路系统中工作时，实际的工作压头和流量不仅与离心泵本身的性能有关，还与管路特性有关。也就是说，在液体输送过程中，泵和管路二者是相互制约的。

管路特性曲线是指流体流经管路系统的流量与所需压头之间的关系。若将泵的特性曲线与管路特性曲线绘制在同一坐标图上，两曲线交点即为泵在该管路的工作点。因此，如同通过改变阀门开度来改变管路特性曲线,求出泵的特性曲线一样,可通过改变泵转速来改变泵的特性曲线,从而得出管路特性曲线。泵的压头 H 计算方法同上。

四、实验条件

1.实验设备主要技术参数

(1)流体阻力部分

①被测直管段:

类型	管径	管长	材料
光滑管	d=0.008 m	L=1.700 m	不锈钢
粗糙管	d=0.010 m	L=1.700 m	不锈钢

②玻璃转子流量计:

型号	量程
LZB—25	100~1000 L/h
VA10-15F	10~100 L/h

③压差传感器:型号为 LXWY,测量范围为 200kPa

④数字显示仪表:

测量参数名称	仪表名称	数量
温度	AI-501B	1
压差	AI-501BV24	1
流量	AI-501BV24	1
功率	AI-501B	1

⑤离心泵:型号为 WB70/055。

(2)流量计性能部分

①流量测量:

类型	孔径/喉径
文丘里流量计	0.020 m
孔板流量计	0.020 m
喷嘴流量计	0.020 m

②实验管路管径:0.042 m

(3)离心泵性能部分

①离心泵:

型号	电机效率
WB70/055	60%

②真空表：

用于泵吸入口压强的测量，测量范围 0.1-0 MPa，精度 1.5 级，真空表测压位置管内径 $d_1=0.036$ m。

③压力表：

用于泵出口压力的测量，测量范围 0-0.25 MPa，精度 1.5 级，压强表测压位置管内径 $d_2=0.042$ m。

④流量计：

涡轮流量计，精度 0.5 级。

⑤两测压口之间距离：

真空表与压强表测压口之间的垂直距离 $h_0=0.25$ m。

(4)管路特性部分

变频器为型号 E301-201-H　规格为(0-50)Hz

2.实验装置流程简介

实验装置流程示意如图 3-2 所示。

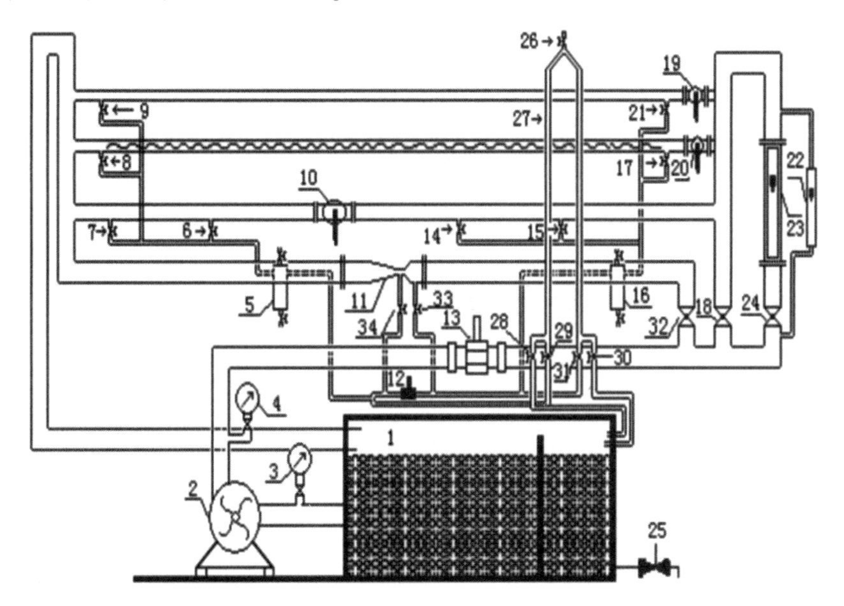

图 3-2　流体流动过程综合实验流程示意图

1—水箱；2—水泵；3—入口真空表；4—出口压力表；5、16—缓冲罐；6、14—测局部阻力近端阀；7、15—测局部阻力远端阀；8、17—粗糙管测压阀；9、21—光滑管测压阀；10—局部阻力阀；11—文丘里流量计(孔板流量计)；12—压力传感器；13—涡流流量计；18、32—阀门；20—粗糙管阀；22—小转子流量计；23—大转子流量计；24 阀门；25—水箱放水阀；26—倒 U 形管放空阀；27—倒 U 形管；28、30—倒 U 形管排水阀；29、31—倒 U 形管平衡阀

实验装置控制面板如图 3-3 所示。

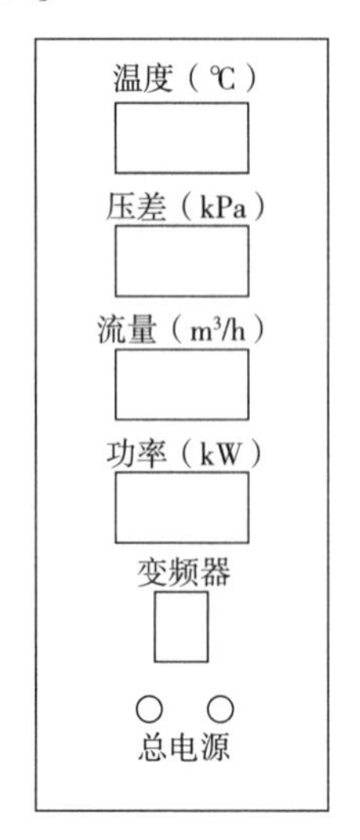

图 3-3 实验装置控制面板

(1)流体阻力测量流程。

水泵 2 将储水槽 1 中的水抽出，送入实验系统，经玻璃转子流量计 22、23 测量流量，然后送入被测直管段测量流体流动阻力，经回流管流回储水槽 1。被测直管段流体流动阻力 ΔP 可根据其数值大小分别采用变送器 12 或空气-水倒置 U 型管来测量。

(2)流量计、离心泵性能测定流程。

水泵 2 将水槽 1 内的水输送到实验系统，流体经涡轮流量计 13 计量，用流量调节阀 32 调节流量，回到储水槽。同时测量文丘里流量计两端的压差，离心泵进出口压强、离心泵电机输入功率并记录。

(3)管路特性测量流程。

用流量调节阀 32 调节流量到某一位置，改变电机频率，测定涡轮流量计的频率、泵入口压强、泵出口压强并记录。

五、实验步骤

1.流体阻力测量

①向储水槽内注水至水箱三分之二(最好使用蒸馏水，以保持流体清洁)。

②光滑管阻力测定：

关闭粗糙管路阀门，将光滑管路阀门全开，在流量为零条件下，打开通向倒置 U 形管的进水阀，检查导压管内是否有气泡存在。若倒置 U 形管内液柱高度差不为零，则表明导压管内存在气泡。需要进行赶气泡操作。

导压系统如图 3-4 所示。

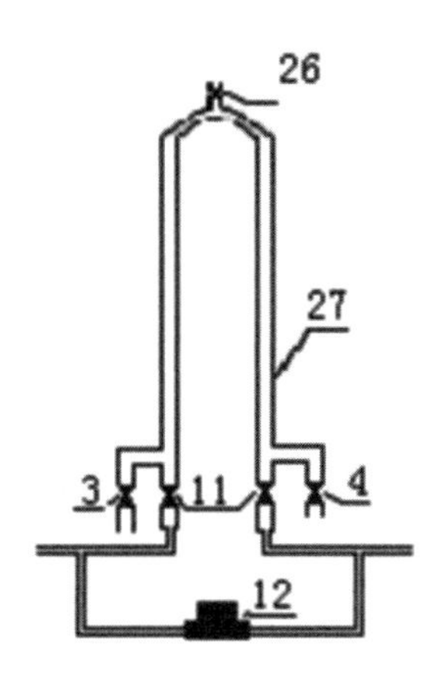

图 3-4　导压系统示意图

3、4—排水阀;11—U 形管进水阀;12—压力传感器;26—U 形管放空阀;27—U 形管

导压系统排气操作方法说明:

a.打开 11,3,4,10~30 秒(层流实验时 30~60 秒);

b.关闭 11;

c.打开 26,将倒 U 形压差计中的水排净;

d.关闭 3,4,26;

e.调节流量调节阀 24,将流量减小至 100~200 L/h 后,打开 11,使水进入倒 U 形压差计;

f.关闭流量调节阀 24,此时若倒 U 形压差计中的差值为 0,则说明管线中的气已排净。如不为零则表明管路中仍有气泡存在,需要重复进行赶气泡操作。

该装置两个转子流量计并联连接,根据流量大小选择不同量程的流量计测量流量。差压变送器与倒置 U 形管亦是并联连接,用于测量压差,小流量时用 U 形管压差计测量,大流量时用差压变送器测量。应在最大流量和最小流量之间进行实验操作,一般测取 15~20 组数据。

③粗糙管阻力测定:

关闭光滑管阀门,将粗糙管阀门全开,从小流量到最大流量,测取 15~20 组数据。

④测取水箱水温。待数据测量完毕,关闭流量调节阀,停泵。

⑤局部阻力测量方法同前。

2. 管路特性的测量

①测量管路特性曲线测定时,先置流量调节阀 32 为某一开度,调节离心泵电机频率(调节范围 50~10 Hz),测取 10~15 组数据,同时记录电机频率、泵入口压强、泵出口压强、流量计读数,并记录水温。

②实验结束后,关闭流量调节阀,停泵,关闭电源。

3. 流量计、离心泵性能测定(以文丘里流量计为例)

①向储水槽内注入蒸馏水。检查流量调节阀 32,压力表 4 的开关及真空表 3 的开关是否关闭(应关闭)。

②启动离心泵,缓慢打开调节阀 32 至全开。待系统内流体稳定,即系统内已没有气体,打开压力表和真空表的开关,方可测取数据。

③用阀门 32 调节流量,从流量为零至最大或流量从最大到零,测取 10~15 组数据,同时记录涡轮流量计频率、文丘里流量计的压差、泵入口压强、泵出口压强、功率表读数,并记录水温。

④实验结束后,关闭流量调节阀,停泵,关闭电源。

六、虚拟仿真实验方法与步骤

虚拟仿真实验装置如图 3-5 所示。

图 3-5 虚拟仿真实验画面

1.光滑管流体阻力测定

①打开注液阀 V27[①],向储液槽内注液至超过 50%为止,关闭注液阀 V27(注意液体不要注满)。

②打开电源,打开离心泵前阀,启动离心泵。

③打开光滑管导向阀 V9 以及光滑管测压阀 V9 和 V21。

④打开大流量调节阀 V24,分别打开缓冲罐 5、6 顶阀 V32、V33。观察当缓冲罐有液位溢出时,关闭缓冲罐 5、6 顶阀 V32、V33。管路赶气操作完成。

① 阀门编号在仿真软件中有具体标识,以下均同。

⑤关闭大流量调节阀 V24,打开通向倒置 U 形管的平衡阀 V29、V31,检查导压管内是否有气泡存在(倒 U 形管有液柱高度差)。

⑥若倒置 U 形管内液柱高度差不为零,则表明导压管内存在气泡。需要进行赶气泡操作。

⑦赶气泡操作(参见“导压系统排气操作说明”):打开倒 U 形管平衡阀 V29、V31,开大流量计调节阀 V24,加大流量,使倒置 U 形管内液体充分流动,以赶出管路内的气泡;若观察气泡已赶净,将大流量计调节阀 V24 关闭,倒 U 形管平衡阀 V29、V31 关闭,慢慢旋开倒置 U 形管上部的放空阀 V26 后,分别缓慢打开倒 U 形管排液阀 V28、V30,使液柱降至中点上下时马上关闭,管内形成气-液柱,此时管内液柱高度差不一定为零。然后关闭放空阀 V26,打开倒 U 形管平衡阀 V29、V31,此时 U 形管两液柱的高度差应为零(1~2mm 的高度差可以忽略),如不为零则表明管路中仍有气泡存在,需要重复进行赶气泡操作。

⑧打开小流量调节阀 V22,用倒置 U 形管压差计测量压差,在最小流量和最大流量之间测取至少 7 组数据,记录流量及相应的压差。

⑨关闭小流量计调节阀 V22,关闭倒 U 形管的平衡阀 V29、V31。

⑩打开大流量计调节阀 V24,用压差表测量压差,在最小流量和最大流量之间测取至少 7 组数据,记录流量及相应的压差,注意在测大流量的压差时应关闭倒 U 形管的平衡阀 V29、V31,防止液体利用倒 U 形管形成回路影响实验数据。待数据测量完毕,关闭大流量调节阀 V24,关闭光滑管导向阀 V9 以及光滑管测压阀 V9 和 V21,停止离心泵,关闭离心泵前阀,关闭电源。

2.粗糙管流体阻力测定

①打开注液阀 V27,向储液槽内注液至超过 50%为止,关闭注液阀 V27(注意液体不要注满)。

②打开电源,打开离心泵前阀,启动离心泵。

③打开粗糙管导向阀 V8 以及粗糙管测压阀 V17、V20。

④打开大流量调节阀 V24,分别打开缓冲罐 5、6 顶阀 V32、V33。观察当缓冲罐有液位溢出时,关闭缓冲罐 5、6 顶阀 V32、V33。管路赶气操作完成。

⑤关闭大流量调节阀 V24,打开通向倒置 U 形管的平衡阀 V29、V31,检查导压管内是否有气泡存在(倒 U 形管有液柱高度差)。

⑥若倒置 U 形管内液柱高度差不为零,则表明导压管内存在气泡。需要进行赶气泡操作。

⑦赶气泡操作(参见“导压系统赶气操作说明”):打开倒 U 形管平衡阀 V29、V31,开大流量计调节阀 V24,加大流量,使倒置 U 形管内液体充分流动,以赶出管路内的气泡;若观察

气泡已赶净,将大流量计调节阀 V24 关闭,倒 U 形管平衡阀 V29、V31 关闭,慢慢旋开倒置 U 形管上部的放空阀 V26 后,分别缓慢打开倒 U 形管排液阀 V28、V30,使液柱降至中点上下时马上关闭,管内形成气—液柱,此时管内液柱高度差不一定为零。然后关闭放空阀 V26,打开倒 U 形管平衡阀 V29、V31,此时 U 形管两液柱的高度差应为零(1~2mm 的高度差可以忽略),如不为零则表明管路中仍有气泡存在,需要重复进行赶气泡操作。

⑧打开小流量调节阀 V22,用倒置 U 形管压差计测量压差,在最小流量和最大流量之间测取至少 7 组数据,记录流量及相应的压差。

⑨关闭小流量计调节阀 V22,关闭倒 U 形管的平衡阀 V29、V31。

⑩打开大流量计调节阀 V24,用压差表测量压差,在最小流量和最大流量之间测取至少 7 组数据,记录流量及相应的压差。(注:在测大流量的压差时应关闭倒 U 形管的平衡阀 V29、V31,防止液体利用倒 U 形管形成回路影响实验数据)。待数据测量完毕,关闭大流量调节阀 V24,关闭粗糙管导向阀 V8 以及粗糙管测压阀 V17、V20,停止离心泵,关闭离心泵前阀,关闭电源。

3.局部阻力测定

①打开注液阀 V27,向储液槽内注液至超过 50%为止,关闭注液阀 V27(注意液体不要注满)。

②打开电源,打开离心泵前阀,启动离心泵,打开局部阻力阀 V10。

③打开局部管路近端阀门 V6、V14,打开缓冲罐 5、6 顶阀 V32、V33,打开大流量调节阀 V24。

④观察当缓冲罐有液位溢出时,关闭缓冲罐 5、6 顶阀 V32、V33。管路赶气操作完成。

⑤调节大流量计调节阀 V24,记录近端压力。

⑥关闭局部管路近端阀门 V6、V14,打开局部管路远端阀门 V7、V15,记录远端压力及相关数据。

⑦待数据测量完毕,关闭大流量调节阀 V24,关闭局部阻力阀 V10。

⑧关闭局部管路远端阀门 V7、V15,停止离心泵,关闭离心泵前阀,关闭电源。

4.不同直径光滑管阻力曲线测定

方法参考光滑管流体阻力测定步骤说明。

5.粗糙管不同物系下阻力曲线测定

方法参考粗糙管流体阻力测定步骤说明。

6.不同相对粗糙度阻力曲线测定

方法参考粗糙管流体阻力测定步骤说明。

7.离心泵特性曲线测定

①打开注水阀,向储水槽内注水超过 50%(不要注满),关闭注水阀。

②打开电源。

③打开泵入口压力表阀门和泵出口压力表阀门。

④打开离心泵前阀,启动离心泵,系统稳定后记录水流量为0时的泵前后压力。

⑤打开流量调节阀V18,依次从0均匀调节到最大值,稳定后记录相应的流量和泵前后压力,记录不少于10组数据。

⑥实验结束,关闭流量计调节阀V18,停止离心泵,关闭离心泵前阀,关闭泵进口压力表阀门,关闭电源。

8.管路特性曲线测定

①打开注水阀,向储水槽内注水超过50%(不要注满),关闭注水阀。

②打开电源。

③打开泵入口压力表阀门和泵出口压力表阀门。

④打开离心泵前阀,启动离心泵。

⑤打开流量调节阀V18,设置约2/3的开度。

⑥调节离心泵电机频率,依次从50Hz均匀调节到0Hz,稳定后记录相应的频率以及泵前后压力和流量,记录不少于10组数据。

⑦实验结束,关闭流量计调节阀V18,停止离心泵,关闭离心泵前阀,关闭泵进口压力表阀门,关闭电源。

9.流量计性能测定

①打开注水阀,向储水槽内注水超过50%(不要注满),关闭注水阀。

②打开电源。

③打开流量计性能测定阀V12和V13。

④打开离心泵前阀,启动离心泵。

⑤打开流量调节阀V18,在0到最大流量依次取至少10个点,并记录相应的流量和文丘里流量计压差,要求至少记录10组数据。

⑥实验结束,关闭流量计调节阀V18,停止离心泵,关闭离心泵前阀,关闭电源。

10.不同转速下离心泵特性曲线测定

①打开注水阀,向储水槽内注水超过50%,关闭注水阀。

②打开电源。

③打开泵入口压力表阀门和泵出口压力表阀门。

④打开离心泵前阀,设置泵的频率在50~20Hz范围内,启动离心泵。

⑤打开流量调节阀V18,依次从0均匀调节到最大值,稳定后记录相应的流量和泵前后压力,记录不少于10组数据。重新设置泵频率,如上方法调节流量调节阀V18,记录不少于

10 组数据。

⑥实验结束,关闭流量计调节阀 V18,停止离心泵,关闭离心泵前阀,关闭泵进口压力表阀门,关闭电源。

11.不同阀门开度管路特性曲线测定

①打开注水阀,向储水槽内注水超过 50%(不要注满),关闭注水阀。

②打开电源。

③打开泵入口压力表阀门和泵出口压力表阀门。

④打开离心泵前阀,启动离心泵。

⑤打开流量调节阀 V18,设置开度要大于 10%。

⑥调节离心泵电机频率,依次从 50Hz 均匀调节到 0Hz,稳定后记录相应的频率以及泵前后压力和流量,记录不少于 10 组数据。重新设置流量调节阀 V18 开度,如上方法调节离心泵电机频率,记录不少于 10 组数据。

⑦实验结束,关闭流量计调节阀 V18,停止离心泵,关闭离心泵前阀,关闭泵进口压力表阀门,关闭电源。

12.不同型号离心泵特性曲线测定

①打开注水阀,向储水槽内注水超过 50%(不要注满),关闭注水阀。

②打开电源。

③打开泵入口压力表阀门和泵出口压力表阀门。

④打开离心泵前阀,启动离心泵,系统稳定后记录水流量为 0 时的泵入口和出口压力。

⑤打开流量调节阀 V18,依次从 0 均匀调节到最大值,稳定后记录相应的流量和泵入口和出口压力,记录不少于 10 组数据。

⑥实验结束,关闭流量计调节阀 V18,停止离心泵,关闭离心泵前阀,关闭泵进口压力表阀门,关闭电源。

七、注意事项

(1)直流数字表操作方法请仔细阅读说明书,待熟悉其性能和使用方法后再进行使用操作。

(2)启动离心泵之前以及从光滑管阻力测量过渡到其它测量之前,都必须检查所有流量调节阀是否关闭。

(3)利用压力传感器测量大流量下 ΔP 时,应切断空气-水倒置 U 形玻璃管的阀门否则将影响测量数值的准确。

(4)在实验过程中每调节一个流量之后应待流量和直管压降的数据稳定以后方可记录

数据。

(5)若之前较长时间未做实验,盘轴应先转动再启动离心泵,否则易烧坏电机。

(6)该装置电路采用五线三相制配电,实验设备应良好接地。

(7)使用变频调速器时一定注意“FWD”指示灯亮,切忌按 FWD REV 键,“REV”指示灯亮时电机反转。

(8)启动离心泵前,必须关闭流量调节阀,关闭压力表和真空表的开关,以免损坏测量仪表。

(9)实验水质要清洁,以免影响涡轮流量计运行。

八、思考题

(1)本实验中的 U 形压差计的指示剂是何物?为什么选择它?

(2)本实验中,倒置 U 形压差计一开始就排了气的,为什么在实验过程中还可以两边示数自由增大和减小?

(3)在做各实验时,如何判断流量这一数据是否合理?一般气体流速和流体流速各在什么范围?

九、数据记录表

1.直管阻力损失的测定(表 3-1、表 3-2)

表 3-1　流体阻力光滑管实验数据表

光滑管:内径______(mm)、管长______(m)							
液体温度____(℃)　液体密度 ρ=____(kg/m^3)　液体黏度 μ=____(mPa·s)							
序号	流量(L/h)	直管压差 ΔP		ΔP	流速 u	Re	λ
		(kPa)	(mmH_2O)	(Pa)	(m/s)		
1							
2							
3							
…							
22							

表 3-2　流体阻力粗糙管实验数据表

粗糙管:内径____(mm)、管长____(m)

液体温度____(℃)　液体密度 ρ=____(kg/m^3)　液体黏度 μ=____(mPa·s)

序号	流量(L/h)	直管压差 ΔP		ΔP	流速 u	Re	λ
		(kPa)	(mmH_2O)	(Pa)	(m/s)		
1							
2							
3							
…							
22							

2.局部阻力损失的测定(表 3-3)

表 3-3　局部阻力实验数据表

序号	Q(L/h)	近端压差	远端压差	u(m/s)	局部阻力压差	阻力系数 ζ
1						
2						
3						

3.流量计性能测定(表 3-4)

表 3-4　流量计性能测定实验数据表

序号	孔板流量计 (kPa)	孔板流量计 (Pa)	流量 Q (m^3/h)	流速 u (m/s)	Re	Co
1						
2						
3						
…						
11						

4.离心泵特性曲线测定(表 3-5)

表 3-5　离心泵性能测定实验数据表

液体温度____(℃)　液体密度 ρ=____(kg/m^3)　泵进出口高度=____(m)

序号	入口压力 P_1	出口压力 P_2	电机功率	流量 Q	$u_入$	$u_出$	压头 H	泵轴功率 N	η
	(MPa)	(MPa)	(kW)	(m^3/h)	(m/s)	(m/s)	(m)	(W)	(%)
1									
2									
…									
10									

5.离心泵管路特性曲线测定(表 3-6)

表 3-6　离心泵管路特性数据表

序号	电机频率	入口压力 P_1	出口压力 P_2	流量 Q	$u_入$	$u_出$	压头 H
	Hz	(MPa)	(MPa)	(m^3/h)	(m/s)	(m/s)	(m)
1							
2							
…							
20							

十、数据处理示例

1.光滑管及粗糙管的小流量数据计算示例

以表 3-7 第 5 组数据为例。

表 3-7　光滑管流体阻力实验数据记录

序号	流量 (L/h)	压差表读数 (kPa)	倒 U 形管读数 (mmH_2O)	直管压差 ΔP(Pa)	流速 u(m/s)	雷诺数 Re	阻力系数 λ
1	10.00		4.8	47	0.06	493	0.146
2	20.00		9.7	94	0.11	987	0.073
3	30.00		14.5	141	0.17	1480	0.049
4	40.00		19.3	189	0.22	1973	0.036

续表 3-7

序号	流量 (L/h)	压差表读数 (kPa)	倒 U 形管读数 (mmH_2O)	直管压差 ΔP(Pa)	流速 u(m/s)	雷诺数 Re	阻力系数 λ
5	50.00		39.7	388	0.28	2467	0.048
6	60.00		54.0	528	0.33	2960	0.045
7	70.00		70.1	685	0.39	3453	0.043
8	80.00		87.9	859	0.44	3946	0.041
9	90.00		107.4	1050	0.50	4440	0.040
10	100.00		128.6	1256	0.55	4933	0.039
11	200.00	4.1		4142	1.11	9866	0.032
12	300.00	8.4		8379	1.66	14799	0.029
13	400.00	13.9		13850	2.21	19732	0.027
14	500.00	20.5		20480	2.76	24665	0.025
15	600.00	28.2		28230	3.32	29598	0.024
16	700.00	37.1		37050	3.87	34531	0.023
17	800.00	46.9		46920	4.42	39465	0.023
18	900.00	57.8		57790	4.98	44398	0.022
19	1000.00	69.7		69660	5.53	49331	0.022

流量：$Q=50.00$ L/h；倒 U 形管液位差：$h=39.7\ mmH_2O$；

实验水温：$t=25$ ℃；介质黏度：$\mu=0.894\times10^{-3}$ Pa·s；密度：$\rho=997.05\ kg/m^3$；

光滑管管径：$d=0.008$ m；光滑管长度：$L=1.7$ m；

管内流速：$u=\dfrac{Q}{(\pi/4)d^2}=\dfrac{50/3600/1000}{(\pi/4)\times0.008^2}=0.28(m/s)$

阻力降：$\Delta P=\rho\cdot g\cdot h=997.05\times9.81\times39.7/1000=388(Pa)$

雷诺数：$Re=\dfrac{d\cdot u\cdot\rho}{\mu}=\dfrac{0.008\times0.28\times997.05}{0.894\times10^{-3}}=2467$

阻力系数：$\lambda=\dfrac{2d}{\rho\cdot L}\times\dfrac{\Delta P}{u^2}=\dfrac{2\times0.008}{997.05\times1.70}\times\dfrac{388}{0.28^2}=0.048$

2.光滑管及粗糙管的大流量数据计算示例

以表 3-8 第 14 组数据为例。

表 3-8　粗糙管流体阻力实验数据记录

序号	流量（L/h）	压差表读数（kPa）	倒 U 形管读数（mmH_2O）	直管压差 ΔP（Pa）	流速 u（m/s）	雷诺数 Re	阻力系数 λ
1	10.00		17.0	166	0.04	395	1.565
2	20.00		37.4	365	0.07	789	0.860
3	30.00		61.3	599	0.11	1184	0.627
4	40.00		88.4	863	0.14	1579	0.508
5	50.00		118.3	1156	0.18	1973	0.436
6	60.00		151.1	1476	0.21	2368	0.386
7	70.00		186.5	1822	0.25	2763	0.350
8	80.00		224.6	2194	0.28	3157	0.323
9	90.00		265.3	2592	0.32	3552	0.302
10	100.00		308.5	3014	0.35	3946	0.284
11	200.00	8.6		8598	0.71	7893	0.203
12	300.00	16.6		16590	1.06	11839	0.174
13	400.00	27.0		26990	1.42	15786	0.159
14	500.00	39.8		39790	1.77	19732	0.150
15	600.00	55.0		54980	2.12	23679	0.144
16	700.00	72.6		72570	2.48	27625	0.140
17	800.00	92.6		92550	2.83	31572	0.136
18	900.00	114.9		114900	3.18	35518	0.134
19	1000.00	139.6		139600	3.54	39465	0.132

流量：$Q=500.00$ L/h；压差：$\Delta P=39.8$ kPa；

实验水温 $t=25$ ℃；介质黏度：$\mu=0.894\times10^{-3}$ Pa · s；密度：$\rho=997.05$ kg/m^3；

粗糙管管径：$d=0.010$ m；粗糙管长度：$L=1.7$ m；

管内流速：$u=\dfrac{Q}{(\pi/4)d^2}=\dfrac{500/3600/1000}{(\pi/4)\times0.010^2}=1.77(\text{m/s})$

阻力降：$\Delta P = 39.8 \times 1000 = 39800(Pa)$

雷诺数：$Re = \frac{d \cdot u \cdot \rho}{\mu} = \frac{0.010 \times 1.77 \times 997.05}{0.894 \times 10^{-3}} = 19732$

阻力系数：$\lambda = \frac{2d}{\rho \cdot L} \times \frac{\Delta P}{u^2} = \frac{2 \times 0.010}{997.05 \times 1.7} \times \frac{19732}{1.77^2} = 0.150$

3.局部阻力实验数据

以表 3-9 第 8 组数据为例。

表 3-9　局部阻力实验数据表

序号	流量(L/h)	近端压力(kPa)	远端压力(kPa)	局部阻力压差(Pa)	管内流速(m/s)	雷诺数 Re	局部阻力系数 ζ
1	100.00	0.8	0.8	884	0.09	1973	226.6
2	200.00	3.4	3.4	3408	0.18	3946	218.4
3	300.00	7.6	7.6	7564	0.27	5920	215.4
4	400.00	13.5	13.5	13459	0.35	7893	215.6
5	500.00	21.0	21.1	20994	0.44	9866	215.2
6	600.00	30.3	30.4	30164	0.53	11839	214.8
7	700.00	41.2	41.4	41072	0.62	13813	214.8
8	800.00	53.9	54.1	53726	0.71	15786	215.2
9	900.00	68.1	68.4	67896	0.80	17759	214.8
10	1000.00	84.1	84.5	83747	0.88	19732	214.7

流量：$Q = 800.00$ L/h；近端压差 = 53.9 kPa；远端压差 = 54.1 kPa；

实验水温 $t = 25$ ℃；介质黏度：$\mu = 0.894 \times 10^{-3}$ Pa · s；密度：$\rho = 997.05$ kg/m^3；

管径：$d = 0.02$ m；

局部阻力压差：$\Delta P'_f = 2(P_b - P_{b'}) - (P_a - P_{a'}) = (2 \times 53.9 - 54.1) \times 1000 = 53726(Pa)$

管内流速：$u = \frac{Q}{(\pi/4)d^2} = \frac{800/3600/1000}{(\pi/4) \times 0.020^2} = 0.71(m/s)$

雷诺数：$Re = \frac{\rho d u}{\mu} = \frac{997.05 \times 0.02 \times 0.71}{0.894 \times 10^{-3}} = 15786$

局部阻力系数：$\zeta = \left(\frac{2}{\rho}\right) \cdot \frac{\Delta P'_f}{u^2} = \left(\frac{2}{997.05}\right) \times \frac{53726}{0.71^2} = 215.2$

4.离心泵特性曲线测定

以表 3-10 第 7 组数据为例。

表 3-10　离心泵特性曲线数据记录

序号	泵入口压力 P_1 (MPa)	泵出口压力 P_2 (MPa)	电机功率 (kW)	流量 Q (m^3/h)	压头 H(m)	泵轴功率 Ne(W)	有效功率 Ne(W)	泵效率 (%)
1	0.000	0.226	0.40	0.00	23.34	296	0	0.000
2	0.000	0.211	0.49	1.52	21.83	363	90	24.843
3	0.000	0.194	0.57	2.91	20.15	422	159	37.748
4	0.000	0.178	0.63	4.17	18.61	466	211	45.191
5	0.000	0.161	0.68	5.30	16.98	503	244	48.556
6	0.000	0.146	0.72	6.30	15.56	533	266	49.969
7	-0.002	0.132	0.75	7.20	14.46	555	283	50.941
8	-0.004	0.117	0.77	7.92	13.24	570	285	49.984
9	-0.005	0.106	0.79	8.60	12.34	585	288	49.278
10	-0.007	0.096	0.81	9.19	11.63	599	290	48.401
11	-0.008	0.086	0.82	9.69	10.80	607	284	46.842

涡轮流量计读数:$Q=7.20(m^3/h)$;功率表读数:0.75 kW;电机效率:0.74;

泵入口压力表:-0.002 MPa;泵出口压力表:0.132 MPa;

离心泵进口直 d_i:0.032 m;离心泵出口直径 d_o:0.025 m;

泵进出压力表的垂直高度为 0.23 m;

实验水温 $t=25$ ℃;密度 $\rho=997.05\ kg/m^3$;

$$泵进口流速:u_{入}=\frac{Q}{\frac{1}{4}\pi d_i^2}=\frac{7.20}{0.25\times 3.14\times 0.032\times 0.032\times 3600}=2.49(m/s)$$

$$泵出口流速:u_{出}=\frac{Q}{\frac{1}{4}\pi d_o^2}=\frac{7.20}{0.25\times 3.14\times 0.025\times 0.025\times 3600}=4.08(m/s)$$

$$泵压头:H=(z_{出}-z_{入})+\frac{P_{出}-P_{入}}{\rho g}+\frac{u_{出}^2-u_{入}^2}{2g}$$

$$=0.23+\frac{(0.132-(-0.002))\times 1000000}{997.05\times 9.81}+\frac{4.08\times 4.08-2.49\times 2.49}{2\times 9.81}$$

$$=14.46(m)$$

泵轴功率：N = 功率表读数 × 电机效率 = 0.75 × 0.74 = 0.555(kW) = 555(W)

泵有效功率：$Ne = \frac{HQ\rho}{102} = \frac{14.42 \times 7.20/3600 \times 1000 \times 997.05}{102} = 283(\text{W})$

泵效率：$\eta = \frac{283}{555} \times 100\% = 50.941\%$

5.管路特性曲线测定

表 3-11　管路特性曲线测定数据记录

序号	电机频率 (Hz)	泵入口压力 P_1(MPa)	泵出口压力 P_2(MPa)	流量 Q (m^3/h)	压头 H (m)
1	50	-0.002	0.131	7.18	14.36
2	47	-0.001	0.121	6.88	13.13
3	44	0.000	0.110	6.56	11.91
4	41	0.000	0.099	6.23	10.75
5	38	0.000	0.088	5.89	9.63
6	35	0.000	0.078	5.55	8.53
7	32	0.000	0.068	5.18	7.48
8	30	0.000	0.062	4.92	6.81
9	28	0.000	0.056	4.68	6.14
10	25	0.000	0.047	4.28	5.20
12	10	0.000	0.014	2.30	1.72
13	5	0.000	0.008	1.75	1.08
14	0	0.000	0.000	0.00	0.00

当离心泵安装在特定的管路系统中工作时，实际的工作压头和流量不仅与离心泵本身的性能有关，还与管路特性有关。也就是说，在液体输送过程中，泵和管路二者是相互制约的。

管路特性曲线是指流体流经管路系统的流量与所需压头之间的关系。若将泵的特性曲线与管路特性曲线绘制在同一坐标图上，两曲线交点即为泵在该管路的工作点。因此，如同通过改变阀门开度来改变管路特性曲线，求出泵的特性曲线一样，可通过改变泵转速来改变泵的特性曲线，从而得出管路特性曲线。泵的压头 H 计算方法同上参考离心泵特性曲线的压头计算。

6.流量计性能测定

以表 3-12 第 5 组数据为例。

表 3-12　流量计性能测试数据记录

序号	文丘里流量计压差(kPa)	文丘里流量计压差(Pa)	流量 Q(m^3/h)	流速 u(m/s)	雷诺数 Re	流量系数 C
1	0.3	300	1.52	0.305	14347	1.733
2	1.3	1300	2.91	0.584	27466	1.594
3	3.8	3800	4.18	0.839	39453	1.339
4	7.4	7400	5.31	1.065	50119	1.219
5	11.7	11700	6.31	1.266	59557	1.152
6	16.3	16300	7.19	1.442	67863	1.112
7	20.9	20900	7.95	1.595	75037	1.086
8	25.5	25500	8.62	1.729	81360	1.066
9	29.8	29800	9.20	1.846	86835	1.053
10	33.7	33700	9.70	1.946	91554	1.044

涡轮流量计:6.31 m^3/h;流量计压差:11.7 kPa;实验水温 $t=25.0$ ℃;

流量计节流孔直径:0.02 m;管道直径:0.042 m;

黏度 $\mu=0.89\times10^{-3}$ Pa.s;密度 $\rho=997.05$ kg/m^3;

流速:$u=\dfrac{6.31}{3600\times\pi/4\times0.042^2}=1.266$(m/s)

雷诺数:$Re=\dfrac{du\rho}{\mu}=\dfrac{0.042\times1.266\times997.05}{0.89\times10^{-3}}=59557$

由 $Q=CA_0\sqrt{\dfrac{2\Delta P}{\rho}}$ 得

$$C=Q/A_0\sqrt{\frac{2\Delta P}{\rho}}=6.31/3600\times\left(\frac{\pi}{4}\right)\times0.02\times0.02\times\sqrt{\frac{2\times11.7\times1000}{997.05}}=1.152$$

第二节　传热综合实验

一、实验目的

(1)通过对冷物料-热物料简单套管换热器的实验研究,掌握空气对流传热系数 α 的测定方法,加深对其概念和影响因素的理解。

(2)通过对管程内部插有螺旋线圈的冷物料-热物料强化套管换热器的实验研究,掌握对流传热系数的测定方法,加深对其概念和影响因素的理解。

(3)学会并应用线性回归分析方法,确定传热管关联式 $Nu=ARe^{m}Pr^{0.4}$ 中常数 A、m 数值,强化管关联式 $Nu=BRe^{m}Pr^{0.4}$ 中 B 和 m 数值。

(4)根据计算出的 Nu、Nu_0 求出强化比 Nu/Nu_0,比较强化传热的效果,加深理解强化传热的基本理论和基本方式。

(5)认识套管换热器(普通、强化)的结构及操作方法,测定并比较不同换热器的性能。

二、实验内容

(1)测定空气与水蒸气经套管换热器间壁传热时的总传热系数。

(2)测定空气在圆形光滑管中作湍流流动时的对流传热准数关联式。

(3)测定空气在插入螺旋线圈的强化管中作湍流流动时的对流传热准数关联式。

(4)通过对本换热器的实验研究,掌握空气对流传热系数 α 的测定方法。

三、实验原理、方法和手段

两流体间壁传热时的传热速率方程为:

$$Q = KA\Delta t_m \tag{3-14}$$

式中,传热速率 Q 可由管内、外任一侧流体热焓值的变化来计算,空气流量由孔板与压力传感器及数字显示仪表组成的空气流量计来测定。流量大小按下式计算:

$$V_{t1} = C_0 \times A_0 \times \sqrt{\frac{2 \times \Delta P}{\rho_{t1}}} \tag{3-15}$$

其中:C_0——孔板流量计孔流系数,0.65;

A_0——孔的面积,m^2;(可由孔径计算,孔径 $d_0=0.0165m$)

ΔP——孔板两端压差,kPa;

ρ_{t1}——空气入口温度(即流量计处温度)下的密度,kg/m³。

实验条件下的空气流量 V(m³/h)需按下式计算:

$$V = V_{t1} \times \frac{273 + \bar{t}}{273 + t_1} \tag{3-16}$$

其中:$\bar{t}$——换热管内平均温度,℃;

t_1——传热内管空气进口(即流量计处)温度,℃。

测量空气进出套管换热器的温度 t(℃)均由铂电阻温度计测量,可由数字显示仪表直接读出。

管外壁面平均温度 t_W(℃)由数字温度计测出,热电偶为铜-康铜。换热器传热面积由实验装置确定。

流体无相变强制湍流经圆形直管与管壁稳定对流传热时,对流传热准数关联式的函数关系为:

$$Nu = f(R_e, P_r, \frac{l}{d})$$

对于空气,在实验范围内,P_r 准数基本上为一常数;当管长与管径的比值大于 50 时,其值对 Nu 准数的影响很小,故 Nu 准数仅为 R_e 准数的函数,因此上述函数关系一般可以处理成:

$$Nu = B \cdot R_e^{\ m}$$

式中:B 和 m 为待定常数。

由下式可以计算空气与管壁的对流传热系数:

$$\alpha = \frac{Q}{A(t_W - \bar{t})} \tag{3-17}$$

式中:$\bar{t}$——空气进出口温度的平均值,℃;

t_W——管外壁面平均温度,℃。

然后计算

$$Nu = \frac{\alpha d}{\lambda}, R_e = \frac{du\rho}{\mu} \tag{3-18}$$

调节不同的空气流量,可以获得多组 Nu-R_e 数据。将数据绘制在双对数坐标中,则函数关系式变为:

$$\log Nu = m\log R_e + \log B \tag{3-19}$$

确定该直线的斜率和截距,即可求出待定常数 m 和 B 的值。

确定空气在强化管内和普通圆形光滑管内换热的对流传热准数关联式的原理和方法相同,不过,在类同条件下待定常数数值不同。

四、实验条件

传热实验装置如图 3-6 所示。

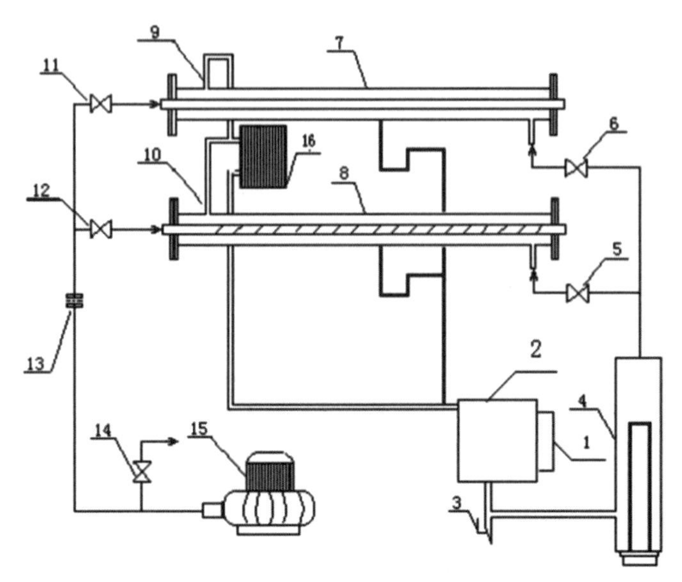

图 3-6　传热实验装置图

1—液位计;2—储水罐;3—排水阀;4—蒸汽发生器;5—强化套管蒸汽进口阀;6—光滑套管蒸汽进口阀;7—光滑套管换热器;8—内插有螺旋线圈的强化套管换热器;9—光滑套管蒸汽出口;10—强化套管蒸汽出口;11—光滑套管空气进口阀;12—强化套管空气进口阀;13—孔板流量计;14—空气旁路调节阀;15—旋涡气泵;16—蒸汽冷凝器

以饱和蒸汽为加热介质,加热空气。饱和蒸汽走套管壳程,空气走管程。空气由旋涡气泵提供,由孔板流量计计量其流量。

套管规格:内管 $\Phi 22\times 1$ mm;外管 $\Phi 57\times 3.5$ mm;换热长度为 1.20 m。

五、实验步骤

1.实验前的准备及检查工作

①向水箱中加水至液位计上端。

②检查空气流量旁路调节阀是否全开。

③检查蒸气管支路各控制阀和空气支路控制阀是否已打开,保证蒸汽和空气管线的畅通。

④接通电源总闸,设定加热电压,启动电加热器开关,开始加热。

2.实验开始

①打开加热开关一段时间后,蒸汽发生器内的水经过加热后产生水蒸气,并经过空气冷却器冷凝后回到储水槽中。

②换热器壳内有水蒸气后，打开旁路调节阀，启动风机，调节阀一般开到最大。

④调节空气流量旁路调节阀的开度，使压差计的读数为所需的空气流量值(当旁路阀全开时，通过传热管的空气流量为所需的最小值，全关时为最大值)。

④稳定 3~5 分钟左右后，分别测量空气的流量，空气进、出口温度和管壁温度。要注意第 1 个数据点必须稳定足够的时间，同时温度巡检仪需测量光滑管空气入口温度、光滑管空气出口温度、强化管空气入口温度、强化管空气出口温度、上光滑管壁面温度以及下强化管壁面温度。

⑤重复(3)与(4)共做 7~10 个空气流量值，最小和最大流量值一定要做。

六、虚拟仿真实验方法与步骤

虚拟仿真实验画面如图 3-7 所示。

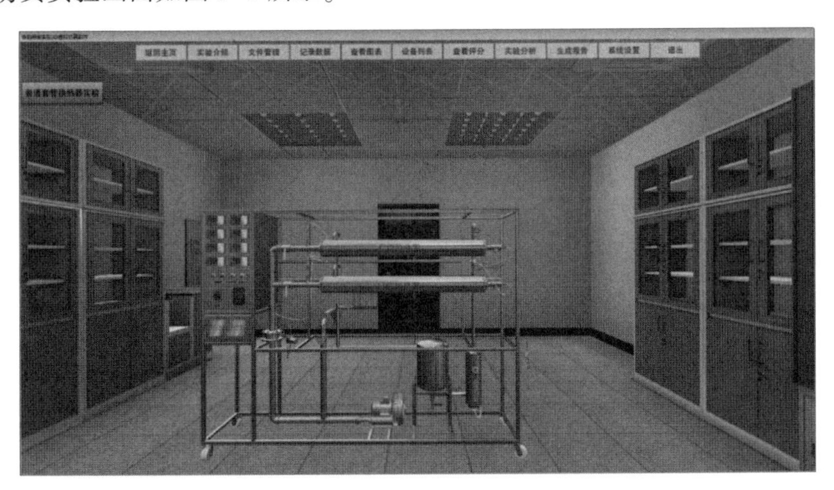

图 3-7　虚拟仿真画面截图

1.普通套管换热器实验

以空气-水蒸气换热为例。

(1)实验前准备。

①仪器按设定好的加热电压自动控制加热电压，蒸汽发生器内的水经过加热后产生热物料，并经过冷物料冷却器冷凝后冷凝液回到储水槽中。

②加热电压的设定：按一次◀键，闪烁数字便向左移动一位，小点在哪个位子上就可以利用▲、▼键调节相应位子的数值，调好后在不按动仪表上任何按键的情况下 30 秒后仪表自动确认，并按所设定的数值应用。

③确认储水槽中加入蒸馏水至 2/3 处，全开套管换热器蒸汽进口阀。

④打开总电源开关。

⑤设置加热电压 180 V。

(2)开始实验。

①打开加热开关,等待壁温上升并稳定。

②打开套管换热器冷物料进口阀。

③全开冷物料流量旁路调节阀。

④启动风机。

⑤调节冷物料流量旁路调节阀,调整流量至所需值后稳定3~5分钟后,分别记录孔板流量计压差、冷物料进、出口的温度及壁面温度。

⑥改变冷物料旁路调节阀开度,测量下组数据。一般从小流量到最大流量之间,要测量6组数据。

(3)实验结束。

①关闭加热开关。

②换热器壁温低于60 ℃后,全开冷物料流量旁路调节阀。

③关闭风机。

④关闭套管换热器蒸汽进口阀。

⑤关闭冷物料流量旁路调节阀。

⑥关闭套管换热器冷物料进口阀。

⑦关闭总电源。

2.强化套管换热器实验

以空气-水蒸气换热为例。

(1)实验前准备。

①点击套管换热器封头,把螺旋线圈装进套管换热器内并装好。

②确认储水槽中加入蒸馏水至2/3处,全开套管换热器蒸汽进口阀。

③打开总电源开关。

④设置加热电压180 V。

(2)开始实验。

①打开加热开关,等待壁温上升并稳定。

②打开套管换热器冷物料进口阀。

③全开冷物料流量旁路调节阀。

④启动风机。

⑤调节冷物料流量旁路调节阀,调整流量至所需值后稳定3~5分钟后,分别记录孔板流量计压差、冷物料进、出口的温度及壁面温度。

⑥改变冷物料旁路调节阀开度,测量下组数据。一般从小流量到最大流量之间,要测量

6 组数据。

(3)实验结束。

①关闭加热开关。

②换热器壁温低于 60 ℃后,全开冷物料流量旁路调节阀。

③关闭风机。

④关闭套管换热器蒸汽进口阀。

⑤关闭冷物料流量旁路调节阀。

⑥关闭套管换热器冷物料进口阀。

⑦关闭总电源。

3.列管换热器实验

以空气-水蒸气换热为例。

(1)实验前准备

①确认储水槽中加入蒸馏水至 2/3 处,全开列管换热器蒸汽进口阀。

②打开总电源开关。

③设置加热电压 180 V。

(2)开始实验。

①打开加热开关,等待列管换热器蒸汽进出口温度上升并稳定。

②打开列管换热器冷物料进口阀。

③全开冷物料流量旁路调节阀。

④启动风机。

⑤调节冷物料流量旁路调节阀,调整流量至所需值后稳定 3~5 分钟后,分别记录孔板流量计压差、冷物料进、出口的温度及蒸汽进出、口温度。

⑥改变冷物料旁路调节阀开度,测量下组数据。一般从小流量到最大流量之间,要测量 6 组数据。

(3)实验结束。

①关闭加热开关。

②列管换热器蒸汽进出口温度低于 60 ℃后,全开冷物料流量旁路调节阀。

③关闭风机。

④关闭列管换热器蒸汽进口阀。

关闭冷物料流量旁路调节阀。

⑤关闭列管换热器冷物料进口阀。

⑥关闭总电源。

七、注意事项

(1)实验前将加热器内的水加到指定位置,防止电热器干烧损坏电器。特别是每次实验结束后。进行下一实验之前,如果发现水位过低,应及时补给水量。

(2)加热约 10 分钟后,可提前启动鼓风机,保证实验开始时空气入口温度稳定。

(3)必须保证蒸汽上升管线的畅通。即在给蒸汽加热釜电压之前,两蒸汽支路控制阀之一必须全开。在转换支路时,应先开启需要的支路阀,再关闭另一侧,且开启和关闭控制阀必须缓慢,防止管线截断或蒸汽压力过大突然喷出。

(4)必须保证空气管线的畅通。即在接通风机电源之前,两个空气支路控制阀之一和旁路调节阀必须全开。在转换支路时,应先关闭风机电源,然后开启和关闭控制阀。

(5)本实验装置加装蒸汽冷凝器,使蒸汽冷凝后重新回到储水箱中,加热电源启动时蒸汽冷凝器用风扇同时启动。

八、思考题

(1)本实验装置和操作在哪些地方容易造成结果误差?如何尽量减少误差?

(2)蒸汽压力的变化会不会影响实验结果?

(3)比较实验所得的对流传热准数关联式与流体在圆形直管中作强制湍流时的经验公式,两者是否矛盾?

(4)对比实验所得的线圈管与圆形光滑管内的对流传热准数关联式,可以说明什么问题?

九、数据记录表(表 3-13、表 3-14)

表 3-13　套管换热器数据记录表

套管内管类型:

序号	空气进口温度(℃)	空气出口温度(℃)	壁温(℃)	压差(kPa)
1				
2				
3				
5				
6				
7				
…	…	…	…	…

表 3-14　数据整理表

套管内管类型：

序号	空气换热前			空气换热后						计算结果						
	t_1	ρ_{t_1}	V_{t_1}	t_W	$\bar{t}$	V	u	ρ	C_p	λ	μ	Q	R_e	K	α	Nu
1																
2																
3																
…	…	…	…	…	…	…	…	…	…	…	…	…	…	…	…	…

十、数据处理示例

1.套管换热器(普通管)对流传热系数测定。

以表 3-15 第 1 组数据为例。

表 3-15　数据整理结果(普通管换热器)

项目	实验序号						
	1	2	3	4	5	6	7
孔板流量计压差(kPa)	0.50	1.00	1.50	2.00	2.50	2.98	3.22
冷物料进口温度 t_1(℃)	39.2	40.2	41.3	42.6	44.7	47.1	49.2
流量计处冷物料密度 ρ_{t1}(kg/m^3)	1.14	1.14	1.14	1.13	1.12	1.12	1.11
冷物料出口温度 t_2(℃)	76.3	74.8	74	73.7	74.3	75.1	76.1
壁面温度 t_w(℃)	99.4	99.0	98.6	98.4	98.4	98.4	98.4
冷物料定性温度 t_m(℃)	57.75	57.50	57.65	58.15	59.50	61.10	62.65
t_m下的冷物料密度 ρ_{tm}(kg/m^3)	1.08	1.08	1.08	1.08	1.07	1.07	1.06
t_m下的导热系数 λ_{tm} * 100(W/(m·K))	2.88	2.88	2.88	2.88	2.89	2.90	2.92
t_m下的比热 Cp_{tm}(J/(kg·K))	1005	1005	1005	1005	1005	1005	1005
t_m下的冷物料粘度 μ_{tm}(uPa·s)	1.99	1.99	1.99	2.00	2.00	2.01	2.02
t_2-t_1(℃)	37.10	34.60	32.70	31.10	29.60	28.00	26.90
Δt_m(℃)	41.65	41.50	40.95	40.25	38.90	37.30	35.75
孔板流量计处冷物料流量 V_{t1}(m^3/h)	14.80	20.96	25.71	29.74	33.36	36.55	38.12
t_m下冷物料流量 V_{tm}(m^3/h)	15.67	22.11	27.04	31.21	34.91	38.15	39.71

续表 3-15

项目	实验序号						
	1	2	3	4	5	6	7
冷物料流速 u(m/s)	13.86	19.55	23.91	27.59	30.87	33.73	35.11
传热速率 Q(W)	175	231	267	292	310	318	317
传热系数 α(W/(m^2·℃))	56	74	86	96	106	113	118
雷诺准数 Re	15009	21203	25910	29817	33111	35867	37016
传热准数 Nu	39	51	60	67	73	78	81
Nu/Pr^0.4	45	59	69	77	84	90	93

孔板流量计压差 $\Delta P=0.50$ kPa、壁面温度 $t_w=99.4$ ℃。

进口温度 $t_1=39.2$ ℃、出口温度 $t_2=76.3$ ℃

已知数据及有关常数：

①传热管内径 d_i及流通断面积 F：

$$d_i=20.0\ \text{mm}=0.0200\ \text{m}$$

$$F=\pi d_i^2/4=3.142\times0.0200^2/4=0.0003142(\text{m}^2)$$

②传热管有效长度 L 及传热面积 S：

$$L=1.200\ \text{m}$$

$$S_i=\pi Ld_i=3.142\times1.200\times0.0200=0.075394(\text{m}^2)$$

③t_1为孔板处冷物料的温度，为由此值查得冷物料的平均密度 ρ_{t1}，例如：$t_1=39.2$ ℃，查得 $\rho_{t1}=1.14\ \text{kg/m}^3$。

④传热管测量段上冷物料平均物性常数的确定：

先算出测量段上冷物料的定性温度 t_m为简化计算，取 t_m值为冷物料进口温度 t_1(℃)及出口温度 t_2(℃)的平均值，即 $t_m=\dfrac{t_1+t_2}{2}=\dfrac{39.2+77.63}{2}=57.75$(℃)

据此查得：测量段上冷物料的平均密度 $\rho_{tm}=1.08\ \text{kg/m}^3$；

测量段上冷物料的平均比热 $c_{ptm}=1005$ J/kg·K；

测量段上冷物料的平均导热系数 $\lambda_{tm}=0.0288$ W/m·K；

测量段上冷物料的平均黏度 $\mu_{tm}=0.0000199$ Pa·s；

传热管测量段上冷物料的平均普兰特准数的 0.4 次方为：

$$Pr_i^{0.4}=0.696^{0.4}=0.865$$

⑤冷物料流过测量段上平均体积 V 的计算：

孔板流量计体积流量：

$$V_{t1}=c_0\times A_0\times\sqrt{\frac{2\times\Delta P}{\rho_{t1}}}$$

$$=0.65\times3.14\times0.017^2\times3600/4\times\sqrt{\frac{2\times0.50\times1000}{1.16}}=14.8(\mathrm{m^3/h})$$

传热管内平均体积流量 V_m：

$$V_m=V_{t1}\times\frac{273+t_m}{273+t_1}=14.8\times\frac{273+57.75}{273+39.2}=15.67(\mathrm{m^3/h})$$

平均流速 u_i：

$$u_i=V_m/(F\times3600)=15.67/(0.0003142\times3600)=13.86(\mathrm{m/s})$$

⑥冷热流体间的平均温度差 Δt_m(℃)的计算：

$$t_w=100.9\ ℃$$

$$\Delta t_m=\Delta t_w-\frac{t_1+t_2}{2}=99.4-57.75=41.65(℃)$$

⑦其余计算：

传热速率 Q_i

$$Q_i=\frac{(V_{\mathrm{m}}\times\rho_{ptm}\times\Delta t)}{3600}$$

$$=\frac{15.67\times1.08\times1005\times(76.3-39.2)}{3600}=175(\mathrm{W})$$

传热系数

$$\alpha_i=\frac{Q_i}{\Delta t_{\mathrm{m}}\times S_i}=175/(41.65\times0.07539)=56[\mathrm{W/(m^2\cdot ℃)}]$$

传热准数

$$Nu_i=\alpha_i\times d_i/\lambda_{\mathrm{tm}}=56\times0.0200/0.0288=39$$

测量段上冷物料的平均流速：$u_i=13.86\ \mathrm{m/s}$

雷诺准数

$$Re_{\mathrm{i}}=\frac{d_i\times u_i\times\rho_{\mathrm{tm}}}{\mu_{\mathrm{tm}}}=\frac{0.0200\times13.86\times1.08}{0.0000199}=1.5009\times10^4$$

作图、回归得到准数关联式 $Nu=ARe^mPr^{0.4}$ 中的系数。

$$Nu=0.0196Re^{0.8042}Pr^{0.4}$$

⑧重复步骤①~⑦,处理强化管的实验数据。作图(图 3-8)回归得到准数关联式 $Nu=BRe^{m}Pr^{0.4}$ 中的系数。

$$Nu=0.0208Re^{0.8669}Pr^{0.4}$$

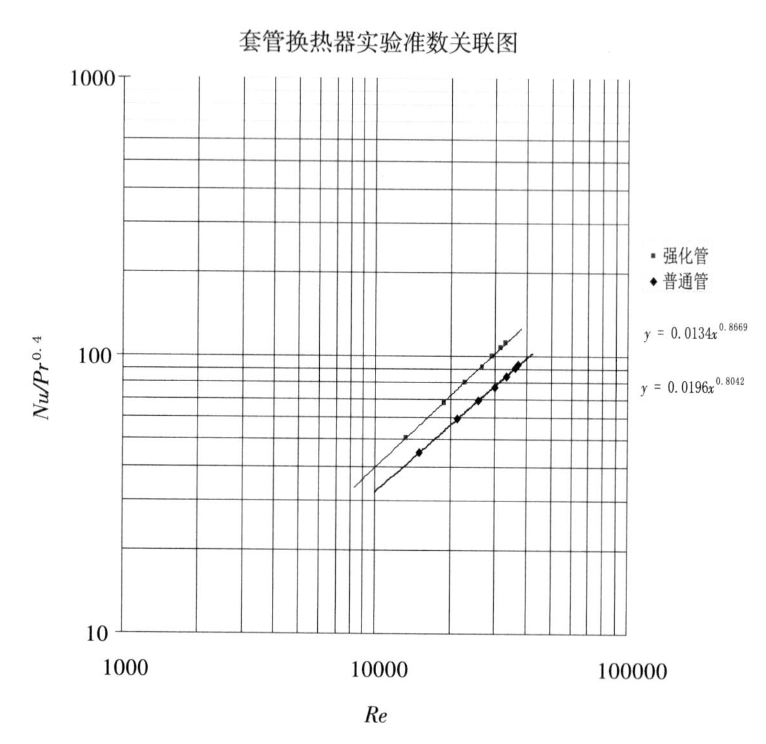

图 3-8　套管换热器实验准数关联图

第三节　吸收解吸实验

一、实验目的

(1)了解各类填料塔的基本结构,掌握填料塔的操作控制方法。

(2)掌握填料塔流体力学性能测定方法,通过对实验数据的分析处理加深对填料塔流体力学性能基本理论的理解。

(3)掌握填料吸收塔传质能力和传质效率的测定方法,通过对实验数据的分析处理加深对填料塔传质性能理论的理解。

二、实验内容

(1)了解填料吸收塔的结构、性能和特点,练习并掌握填料塔操作方法。

(2)测定填料塔流体力学性能测定(干填料和湿填料)和吸收传质系数。

(3)测定填料吸收塔传质能力和传质效率。

(4)掌握滴定法测定 CO_2浓度方法。

三、实验原理

1.气体通过填料层的压强降

压强降是塔设计中的重要参数,气体通过填料层压强降的大小决定了塔的动力消耗。压强降与气、液流量均有关,不同液体喷淋量下填料层的压强降 $\Delta P/Z$ 与气速 u 的关系如图 3-9 所示。

当液体喷淋量 $L_0=0$ 时,干填料的 $\Delta P/Z-u$ 的关系是直线,如图中的直线 0。当有一定的喷淋量时,$\Delta P/Z-u$ 的关系变成折线,并存在两个转折点,下转折点称为"载点",上转折点称为"泛点"。这两个转折点将 $\Delta P/Z\sim u$ 关系分为三个区段:既恒持液量区、载液区及液泛区。

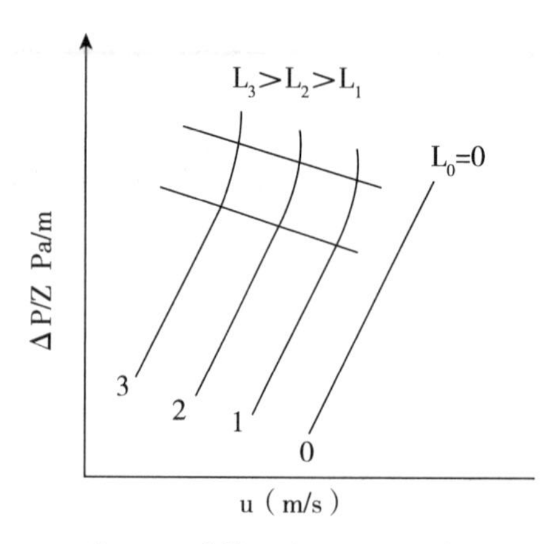

图 3-9　填料层的 $\Delta P/Z \sim u$ 关系

2.传质性能测定

吸收系数是决定吸收过程速率高低的重要参数,实验测定可获取吸收系数。对于相同的物系及一定的设备(填料类型与尺寸),吸收系数随着操作条件及气液接触状况的不同而变化。

双膜模型的浓度分布如图 3-10 所示。

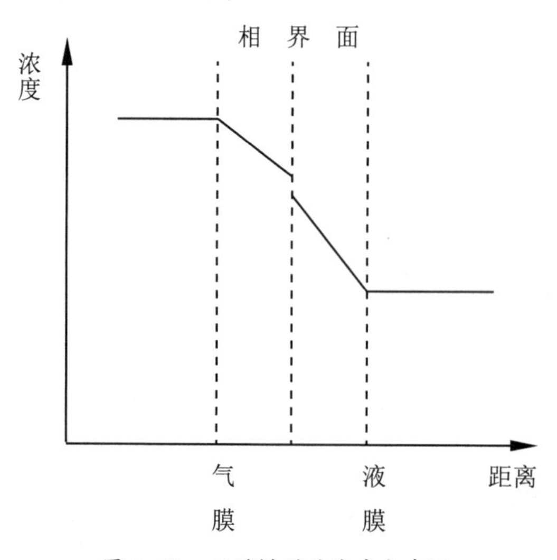

图 3-10　双膜模型的浓度分布图

根据双膜模型的基本假设,气侧和液侧的吸收质 A 的传质速率方程可分别表达为:

气膜　　$$N_A = k_G(p_A - p_{Ai}) \tag{3-20}$$

液膜　　$$N_A = k_L(C_{Ai} - C_A) \tag{3-21}$$

式中:N_A ——A 组分的传质速率, $kmol \cdot m^2 \cdot s^{-1}$;

P_A ——气侧 A 组分的平均分压,Pa;

P_{Ai} ——相界面上 A 组分的平均分压,Pa;

C_A ——液侧 A 组分的平均浓度,$\mathrm{kmol \cdot m^{-3}}$;

C_{Ai} ——相界面上 A 组分的浓度,kmol · m^{-3};

k_G ——以分压表达推动力的气侧传质膜系数,kmol · m^{-2} · s^{-1} · P a^{-1};

k_L ——以物质的量浓度表达推动力的液侧传质膜系数,m · s^{-1}。

以气相分压或以液相浓度表示传质过程推动力的相际传质速率方程又可分别表达为:

$$N_A = K_G(p_A - p_A^*) \tag{3-22}$$

$$N_A = K_L(C_A^* - C_A) \tag{3-23}$$

式中:p_A^* ——液相中 A 组分的实际浓度所要求的气相平衡分压,Pa;

C_A^* ——气相中 A 组分的实际分压所要求的液相平衡浓度, $kmol \cdot m^{-3}$;

K_G ——以气相分压表示推动力的总传质系数或简称为气相传质总系数,

$kmol \cdot m^{-2} \cdot s^{-1} \cdot Pa^{-1}$;

K_L ——以气相分压表示推动力的总传质系数,或简称为液相传质总系数, $m \cdot s^{-1}$ 。

若气液相平衡关系遵循亨利定律: $C_A = Hp_A$,则:

$$\frac{1}{K_G} = \frac{1}{k_G} + \frac{1}{Hk_L} \tag{3-24}$$

$$\frac{1}{K_L} = \frac{H}{k_G} + \frac{1}{k_L} \tag{3-25}$$

当气膜阻力远大于液膜阻力时,则相际传质过程式受气膜传质速率控制,此时,$K_G = k_G$;反之,当液膜阻力远大于气膜阻力时,则相际传质过程受液膜传质速率控制,此时,$K_L = k_L$。

本实验采用转子流量计测得 CO_2、空气和水的流量。根据实验条件(温度和压力)折算为实际流量,最后按有关公式换算成 CO_2、空气和水的摩尔流量。填料塔物料衡算如图 3-11 所示。

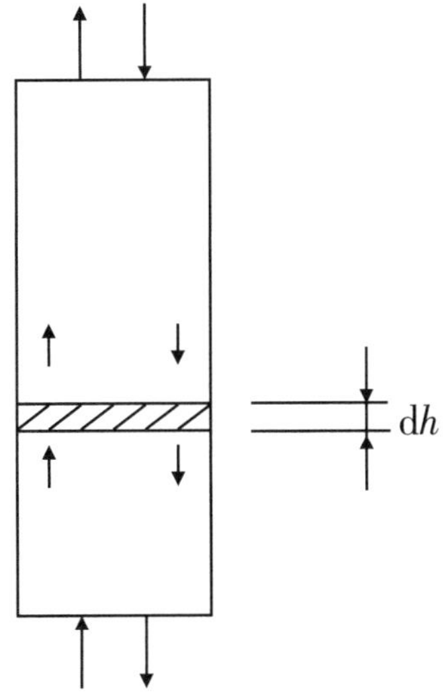

图 3-11　填料塔的物料衡算图

气体校正公式：$V = V_0 \sqrt{\dfrac{\rho_0}{\rho}}$ (3-26)

式中：V_0 ——流量计读数；

V ——被测流体实际流量；

ρ_0，ρ ——标定流体和被测流体在标定状态（T_0，p_0）下的密度。

测定塔顶和塔底液相组成 C_{A1} 和 C_{A2}，利用滴定法测定吸收液浓度，根据吸收液消耗盐酸体积量可计算塔底吸收液浓度：

$$C_{A_1} = \frac{2C_{Ba(OH)_2} V_{Ba(OH)2} - C_{HCl} V_{HCl}}{2V_{溶液}} \tag{3-27}$$

吸收剂（水）中含有少量的二氧化碳，根据吸收剂（水）滴定消耗盐酸体积量可计算出塔顶吸收剂（水）中 CO_2 浓度为：

$$C_{A_2} = \frac{2C_{Ba(OH)_2} V_{Ba(OH)2} - C_{HCl} V_{HCl}}{2V_{溶液}} \tag{3-28}$$

测定塔底液温度，可查得 CO_2 亨利系数 E 值（表 3-16），即可按下式计算 CO_2 的溶解度常数：

$$H = \frac{\rho_w}{M_w} \times \frac{1}{E} \tag{3-29}$$

式中：ρ_w ——水的密度，kg/（m^3）；

M_w ——水的摩尔质量，kg/kmol。

表 3-16 二氧化碳在水中的亨利系数 $E\times10^{-5}$，kPa

气体	温度（℃）											
	0	5	10	15	20	25	30	35	40	45	50	60
CO_2	0.738	0.888	1.05	1.24	1.44	1.66	1.88	2.12	2.36	2.60	2.87	3.46

根据物料衡算和亨利定律可以得出塔底和塔顶吸收液的平衡浓度 $c_{A\ 1}^*$ 和 $c_{A\ 2}^*$，塔底二氧化碳气体含量：$y_1 = \dfrac{V_{sco2}}{V_{sco2} + V_{s空气}}$ (3-30)

塔底吸收液平衡浓度：$C_{A_1}{}^* = H \times p_{A_1} = H \times y_1 \times p_0$ (3-31)

塔顶二氧化碳气体含量：$y_2 = y_1 - \dfrac{L \times (C_{A2} - C_{A1})}{V}$ (3-32)

塔顶吸收剂平衡浓度：$C_{A_2}{}^* = H \times p_{A_2} = H \times y_2 \times p_0$ (3-33)

再利用传质速率方程计算出液相体积传质总系数（注：二氧化碳吸收属液膜控制过程）。

液相平均推动力：$\Delta C_{Am} = \dfrac{\Delta C_{A2} - \Delta C_{A1}}{\ln \dfrac{\Delta C_{A2}}{\Delta C_{A1}}} = \dfrac{(C_{A2}{}^* - C_{A2}) - (C_{A1}{}^* - C_{A1})}{\ln \dfrac{C_{A2}{}^* - C_{A2}}{C_{A1}{}^* - C_{A1}}}$ (3-34)

液相体积传质总系数：$k_l a \approx K_L a = \frac{V_{sL}}{h_0 S} \cdot \frac{C_{A1} - C_{A2}}{\Delta C_{Am}}$　(3-35)

(3)吸收率

$$\eta = \frac{y_1 - y_2}{y_1} = 1 - \frac{y_2}{y_1} \quad (3-36)$$

四、实验条件

(1)填料塔主要参数。

玻璃管内径 Di=0.076 m，内装 Φ6×10 mm 瓷拉西环；

填料层高度 Z=0.75 m；

风机：XGB-12 型，550 W；

二氧化碳钢瓶 1 个(用户自备)；减压阀 1 个(用户自备)。

(2)流量测量仪表：

①CO_2转子流量计：

型号	流量范围
LZB-6	0.06~0.6 m^3/h

②空气转子流量计：

型号	流量范围
LZB-10	0.25~2.5 m^3/h

③吸收塔水转子流量计：

型号	流量范围
LZB-10	16~160 L/h

④解吸塔水转子流量计：

型号	流量范围
LZB-10	16~160 L/h

⑤解吸塔解吸空气流量计参数：

型号	流量范围
LZB-40	4~40 m^3/h

(3)浓度测量：化学分析仪器一套(液相二氧化碳浓度测定仪)。

(4)温度测量：PT100 铂电阻，用于测定气相、液相温度，数字仪表显示，如图 3-12 所示。

(5)二氧化碳吸收与解吸实验装置流程见图 3-13。

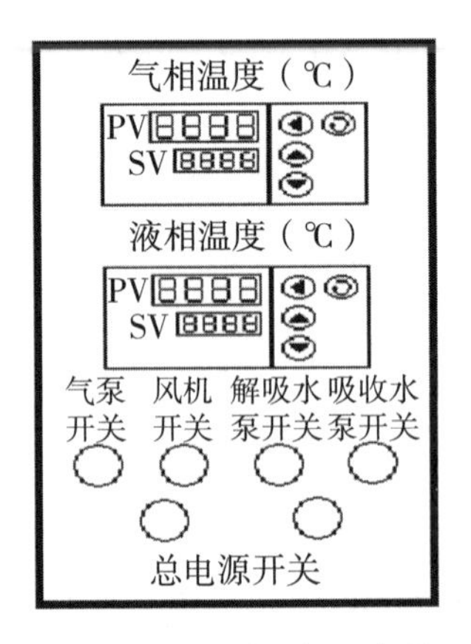

图 3-12　仪器面板示意图

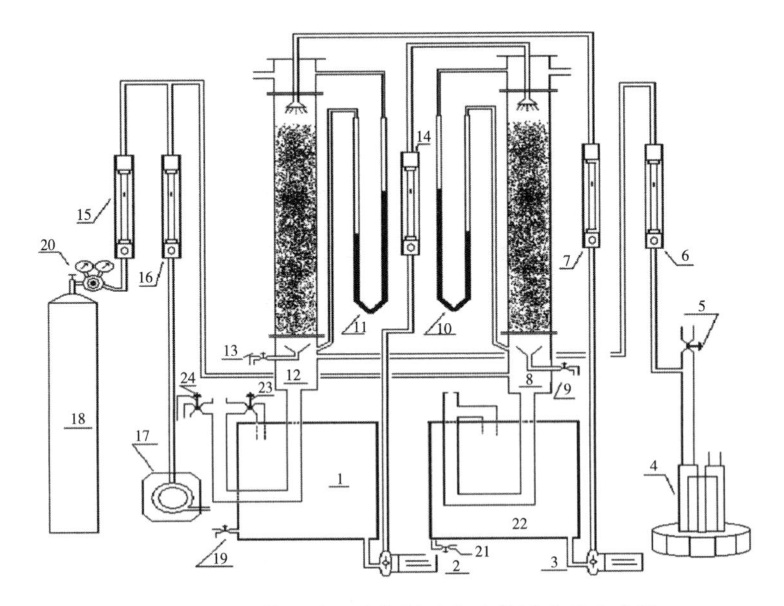

图 3-13　二氧化碳吸收与解吸实验装置流程示意图

1—吸收液储槽；2—吸收液液泵；3—解吸液液泵；4—解吸风机；5—空气旁通阀；6—空气流量计；7—吸收液流量计；8—解吸塔；9—解吸塔塔底取样阀；10、11—U 形管液柱压强计；12—吸收塔；13—吸收塔塔底取样阀；14—解吸液流量计；15—CO_2 流量计；16—吸收用空气流量计；17—吸收用气泵；18—CO_2 钢瓶；19、21—水箱放水阀；20—减压阀；22—解吸液储槽；23—回水阀；24—放水阀

五、实验步骤

1.测量填料塔干填料层($\Delta P/Z$)~u 关系曲线(解吸塔)

打开空气旁路调节阀 5 至全开，启动风机。逐渐关小阀门 5 的开度，调节进塔的空气流量(干填料压差较小，根据 U 形管压差计高差调节)。稳定后读取填料层压降 ΔP 即 U 形管液柱压差计 11 的数值，然后改变空气流量，空气流量从小到大共测定 8~12 组数据。在对实

验数据进行分析处理后，在对数坐标纸上以空塔气速 u 为横坐标，单位高度的压降 $\Delta P/Z$ 为纵坐标，标绘干填料层 $(\Delta P/Z)\sim u$ 关系曲线。

2.测量填料塔在喷淋量下填料层(ΔP/Z)~u 关系曲线(解吸塔)

将水流量固定在一定流量，如 50L/h(水流量大小可因设备调整)，采用上面相同步骤调节空气流量，稳定后分别读取并记录填料层压降 ΔP、转子流量计读数和流量计处所显示的空气温度，操作中随时注意观察塔内现象，一旦出现液泛，立即记下对应空气转子流量计读数。测取 10~15 组数据，包括两组以上的液泛数据。根据实验数据在对数坐标纸上标出固定液体喷淋量下的 $(\Delta P/z)\sim u$ 关系曲线(见图 3-9)，并在图上确定液泛气速，与观察到的液泛气速相比较是否吻合。

3.二氧化碳吸收传质系数测定

(1)吸收塔与解吸塔(水流量控制在 40L/h 左右)。

①打开阀门 5，关闭阀门 9、13。

②启动吸收液泵 2 将水经水流量计 14 计量后打入吸收塔中，然后打开二氧化碳钢瓶顶上的针阀 20，控制在 0.2 m^3/h 左右。启动气泵开关调节流量控制在 1.3 m^3/h 左右，向吸收塔内通入二氧化碳和空气的混合气体(二氧化碳气体流量计 15 的阀门要全开)，流量大小由流量计读出。

③吸收进行 10 分钟后，启动解吸泵 3，将吸收液经解吸流量计 7 计量后打入解吸塔中，同时启动风机，利用阀门 5 调节空气流量 4~10 m^3/h 之间均可)对解吸塔中的吸收液进行解吸。

④操作达到稳定状态之后，测量塔底的水温，同时在塔顶、塔底取样口用 100 ml 三角瓶取 20ml 样品并分别测定塔顶、塔底液体中二氧化碳的含量。(实验时注意吸收塔水流量计和解吸塔水流量计数值要一致，并注意解吸水箱中的液位，两个流量计要及时调节，以保证实验时操作条件不变)

(2)二氧化碳含量测定。

用移液管吸取 0.1 mol/L 的 $Ba(OH)_2$ 溶液 10 mL，放入三角瓶中，并从塔顶或塔底样品中取 10 mL 加入三角瓶中用胶塞塞好振荡。溶液中加入 2~3 滴酚酞指示剂摇匀，用 0.1 mol/L的盐酸滴定到粉红色消失即为终点。

按下式计算得出溶液中二氧化碳浓度：

$$C_{CO_2}=\frac{2C_{Ba(OH)_2}V_{ba(OH)_2}-C_{HCl}V_{HCl}}{2V_{溶液}}(mol\cdot L^{-1})$$

(3)实验结束，先关闭 CO_2 钢瓶阀门(采用一瓶供两台，先调小 CO_2 流量，待两台实验全部完成再关闭钢瓶阀门)，关闭解吸水泵，(全开旁路阀)关闭解吸风机，关闭吸收风机，关闭吸收水泵，关闭设备启动按钮，关闭电源。

六、虚拟仿真实验方法与步骤

吸收外吸实验在仿真实验室(图 3-14)中进行。

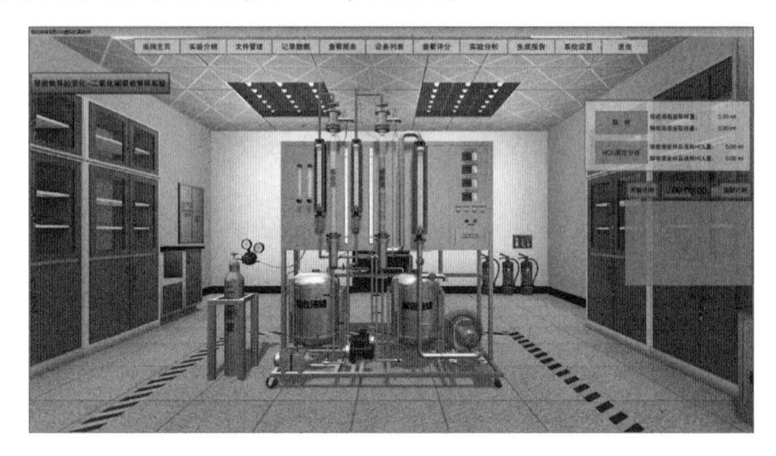

图 3-14　虚拟仿真实验截图

1.填料塔流体力学性能测定

(1)实验前准备。

检查实验装置处于开车前的准备状态。

(2)实验开始。

①打开总电源开关。

②全开空气旁路调节阀,启动解吸风机。

③全开解吸塔空气流量计开关,逐渐关小空气旁路调节阀的开度,调节空气流量。

④稳定后读取解吸塔压差计液位差。

⑤记录不同的空气流量及其对应的解吸塔压差计液位差,共测定并记录 10 组数据,进行计算。

⑥全开空气旁路调节阀,启动解吸水泵。

⑦打开水流量计调节阀,控制水流量在 100 L/h,点击功能菜单的“文件管理”,选择对应文件。

⑧逐渐关小空气旁路调节阀,记录 10 组不同的空气流量及其对应的解吸塔压差计液位差。

⑨再次全开空气旁路调节阀,控制水流量在 300 L/h,点击功能菜单的“文件管理”,选择对应文件。

⑩逐渐关小空气旁路调节阀,记录 10 组不同的空气流量及其对应的解吸塔压差计液位差。

(3)实验结束。

①全开空气旁路调节阀。

②关闭解吸塔空气流量计。

③关闭解吸风机。

④关闭空气旁路调节阀。

⑤关闭总电源。

2. 二氧化碳吸收传质系数测定

(1)实验前准备。

检查实验装置处于开车前的准备状态。

(2)实验开始。

①打开总电源。

②启动吸收水泵,打开吸收塔水流量计开关,控制吸收塔水流量计流量 100 L/h。

③启动解吸水泵,打开解吸塔水流量计开关,控制解吸塔水流量计流量 100 L/h。实验时注意吸收塔水流量计和解吸塔水流量计数值要一致,两个流量计要及时调节,以保证实验时操作条件不变。

④全开二氧化碳钢瓶顶上的针阀,打开减压阀,调节储瓶减压后的压力为 0.3 MPa。

⑤打开二氧化碳气体流量计,控制二氧化碳流量在 0.3 Nm^3/h 左右。

⑥启动吸收风机开关,调节吸收塔空气流量计开关,控制流量在 0.7 Nm^3/h,向吸收塔内通入二氧化碳和空气的混合气体。

⑦全开空气旁路阀,启动风机,全开解吸塔空气流量计开关,关小空气旁路调节阀,调节空气流量为 10 Nm^3/h,对解吸塔中的吸收液进行解吸。

⑧系统稳定 20 min 左右(右上方计时器控制时间),点击右上方的“取样”按钮,对吸收塔塔釜和解吸塔塔釜的液体进行取样。

⑨取样完成后,点击右上方的“HCl 滴定分析”按钮,对已添加氢氧化钡和指示剂甲酚红的样品滴定分析。

⑩分别记录吸收塔水流量、空气流量、CO_2流量,吸收塔釜和解吸塔釜的取样消耗的 HCl 体积。

实验时注意吸收塔水流量计和解吸塔水流量计数值要一致,两个流量计及时调节,以保证实验时操作条件不变。

(3)实验结束。

①实验结束后,关闭二氧化碳钢瓶顶上的针阀,关闭储瓶减压阀。

②关闭 CO_2流量计开关。

③关闭吸收塔风机开关,关闭吸收塔空气流量计开关。

④全开解吸塔空气旁路调节阀,关闭解吸塔空气流量计开关。

⑤关闭解吸风机。

⑥关闭吸收塔水流量调节阀,关闭解吸水泵。

⑦关闭解吸塔水流量计,关闭吸收水泵。

⑧关闭总电源开关。

七、注意事项

(1)开启 CO_2气瓶总阀门前,要先关闭减压阀。

(2)实验中要注意保持 CO_2流量稳定。

(3)实验中要注意保持吸收塔水流量计和解吸塔水流量计数值一致,并随时关注水箱中的液位。两个流量计要及时调节,以保证实验时操作条件不变。

(4)分析 CO_2浓度操作时动作要迅速,以免 CO_2从液体中溢出导致结果不准确。

八、思考题

(1)本实验中,为什么塔底要有液封?液封高度如何计算?

(2)测定 K_{La}有什么工程意义?

(3)为什么二氧化碳吸收过程属于液膜控制?

(4)当气体温度和液体温度不同时,应用什么温度计算亨利系数?

九、数据处理示例

1.填料塔流体力学性能测定实验数据计算

(1)实验数据计算及结果(以表 3-17 中所取得数据为例):

表 3-17　干塔流体力学数据表

序号	空气流量 (m^3/h)	空气流速 (m/s)	U 形管高度差 (cm)	塔压降 ΔP(kPa)	$\Delta P/Z$ (Pa/m)
1	4.2	0.264	0.33	32.34	40.425
2	7.5	0.472	0.45	44.10	55.125
3	10.6	0.667	0.92	90.16	112.700
4	13.6	0.856	1.33	130.34	162.925
5	16.1	1.013	1.79	175.42	219.275

续表 3-17

序号	空气流量 (m^3/h)	空气流速 (m/s)	U 形管高度差 (cm)	塔压降 ΔP(kPa)	$\Delta P/Z$ (Pa/m)
6	20.1	1.264	2.30	225.40	281.750
7	22.2	1.397	3.56	348.88	436.100
8	24.5	1.541	4.18	409.64	512.050
9	26.7	1.680	4.94	484.12	605.150
10	29.5	1.856	6.06	593.88	742.350
11	32.2	2.026	7.19	704.62	880.775
12	35.4	2.227	8.24	807.52	1009.400

空气转子流量计读数 7.5 m^3/h，填料层压降 U 形管高度差读数 0.45 cm，解吸塔塔径 0.075 m，填料层高度 0.78 m，U 形管压差计内液体密度 1000.0 kg/m^3。

空塔气速：

$$u=\frac{V}{3600\times(\pi/4)\cdot D^2}=\frac{7.5}{3600\times(\pi/4)\times0.075^2}=0.472(m/s)$$

塔压降：

$\Delta P=\rho gh=1000.0\times9.8\times0.45/100=44.10(Pa)$

单位填料层压降：$\Delta P/Z=44.10/0.75=55.125(Pa/m)$

在对数坐标纸上以空塔气速 u 为横坐标，$\Delta P/Z$ 为纵坐标作图，标绘 $\Delta P/Z\sim u$ 关系曲线。

2.二氧化碳吸收解吸传质实验数据计算

(1)空气体积校正。

吸收塔空气流量为 0.70 Nm^3/h，空气温度 25 ℃。

空气实际流量为：(气体量很小，压力影响可忽略)

$$V'_1=V_1\sqrt{\frac{\rho_0}{\rho_1}}$$

25℃下空气的密度 $\rho_1=\frac{PM_1}{RT_1}=\frac{101325\times29}{8.314\times(25+273.15)}\div1000=1.186(kg/m^3)$

求得 $V'_1=V_1\sqrt{\frac{\rho_0}{\rho_1}}=0.7\times\sqrt{\frac{1.205}{1.186}}=0.705(m^3/h)$

空气流量 $V=\frac{V'_1}{22.4}=0.0313(kmol/h)$

(2)CO_2体积校正。

吸收塔 CO_2流量为 0.30 Nm^3/h,温度 25 ℃:

$$V'_2 = V_2\sqrt{\frac{\rho_0}{\rho_2}}$$

25℃下 CO_2的密度 $\rho_2 = \frac{PM_2}{RT_1} = \frac{101325\times44}{8.314\times(25+273.15)}\div1000 = 1.800(kg/m^3)$

校正后吸收塔 CO_2实际流量:

$$V'_2 = V_2\sqrt{\frac{\rho_0}{\rho_2}} = 0.3\times\sqrt{\frac{1.204}{1.800}} = 0.245(m^3/h)$$

吸收塔入口 CO_2摩尔比 Y_1

$$Y_1 = \frac{V'_2}{V'_1} = \frac{0.245}{0.705} = 0.348$$

$$y_1 = \frac{Y_1}{1+Y_1} = \frac{0.348}{1+0.348} = 0.258$$

塔底液温度 $t=25$℃的 CO_2亨利系数:$E=1.66\times10^5$ kPa

(3)C_{A1}、C_{A2}的计算。

塔顶吸收液分析 $C_{Ba(OH)_2}=0.1$ mol/L、$V_{Ba(OH)_2}=10$(mL)

$$C_{HCl}=0.10\ mol/L、V_{HCl}=19.8(mL)$$

$$C_{A2} = \frac{2C_{Ba(OH)_2}V_{Ba(OH)_2} - C_{HCl}V_{HCl}}{2V_{溶液}} = \frac{2\times0.10\times10-0.10\times19.8}{2\times20} = 0.0005(mol/L)$$

吸收塔出口 CO_2实际浓度 C_1

$$C_{A1} = \frac{2C_{Ba(OH)_2}\cdot V_{Ba(OH)_2} - C_{HCl}\cdot V_{HCl}}{2V_{溶液}} = \frac{2\times0.10\times10-0.1\times17}{2\times20} = 0.0075(mol/L)$$

$$X_2 = C_{A_2}\times18/1000 = 0.0005\times18/1000 = 0.000009$$

$$X_1 = C_{A_1}\times18/1000 = 0.0075\times18/1000 = 0.000135$$

由 $V(Y_1-Y_2)=L(X_1-X_2)$得:

$$Y_2 = Y_1 - L(X_1-X_2)/V = 0.348-100/18\times(0.000135-0.000009)/0.0313 = 0.3235$$

$$y_2 = \frac{Y_2}{1+Y_2} = \frac{0.3235}{1+0.3235} = 0.2456$$

则 CO_2的溶解度常数为:$H = \frac{\rho_w}{M_w}\times\frac{1}{E} = \frac{1000}{18}\times\frac{1}{1.66\times10^8}$

$$= 3.35\times10^{-7}(kmol\cdot m^{-3}\cdot Pa^{-1})$$

吸收塔入口 CO_2平衡浓度 $C_{A1}{}^*$:

$$C_{A1}{}^{*}=Hp_{A1}=Hy_1p_0=3.35\times10^{-7}\times0.258\times101325=8.75\times10^{-3}(\text{mol/L})$$

$$C_{A2}{}^{*}=Hp_{A2}=Hy_2p_0=3.35\times10^{-7}\times0.2456\times101325=8.33\times10^{-3}(\text{mol/L})$$

液相平均推动力为：

$$\Delta C_{Am}=\frac{\Delta C_{A2}-\Delta C_{A1}}{\ln\dfrac{\Delta C_{A2}}{\Delta C_{A1}}}=\frac{(C_{A2}{}^{*}-C_{A2})-(\Delta C_{A1}{}^{*}-\Delta C_{A1})}{\ln\dfrac{C_{A2}{}^{*}-C_{A2}}{C_{A1}{}^{*}-C_{A1}}}$$

$$=\frac{(8.33-0.50)-(8.75-7.5)}{\ln(\dfrac{8.33-0.50}{8.75-7.5})}\times10^{-3}=0.00359(\text{mol/L})$$

液相传质单元数(NTU)：

$$N_l=\frac{C_{A1}-C_{A2}}{\Delta C_{AM}}=\frac{7.5-0.5}{3.59}=1.67$$

液相传质单元高度(HTU)：

$$H_L=\frac{H}{N_L}=\frac{0.78}{1.67}=0.467(\text{m})$$

液相传质系数：

$$K_{La}=\frac{L}{H_L\Omega}=\frac{100/18}{0.467\times3.14\times\dfrac{0.075}{2}\times\dfrac{0.075}{2}}=2694(\text{kmol/m}^3\cdot\text{h})$$

吸收率/(%)：

$$\varphi=\frac{Y_1-Y_2}{Y_1}=\frac{0.348-0.3235}{0.348}\times100\%=7.04\%$$

实验结果列表如表 3-18、表 3-19 所示。

表 3-18　填料吸收塔传质实验技术数据表

塔径(m)	0.08	填料层高度(m)	0.78
常温下水的密度(kg/m^3)	1000.00	水的物质的量	18.00
常温常压 CO_2 密度(kg/m^3)	1.85	常温常压空气密度(kg/m^3)	1.20
滴定 HCl 浓度(mol/L)	0.10	$Ba(OH)_2$ 浓度(mol/L)	0.10
样品中加 $Ba(OH)_2$ 体积(mL)	10.00	圆周率 π	3.14
亨利系数 E 利系数$^{-8}$(Pa)	1.66		

表 3-19　填料吸收塔传质实验数据表

进塔气温度(℃)	25
空气流量计读数(Nm^3/h)	0.70
校正空气流量(m^3/h)	0.705
空气流量 V(kmoL/h)	0.0313
CO_2流量计读数(Nm^3/h)	0.3
校正 CO_2流量(m^3/h)	0.245
水流量计读数(L/h)	100
水流量 L(kmoL/h)	5.56
吸收塔塔釜取样量(mL)	20
解吸塔塔釜取样量(mL)	20
吸收塔釜样品消耗 HCl 量(mL)	17
解吸塔釜样品消耗 HCl 量(mL)	19.8
吸收塔入口 CO_2分率 y_1	0.258
吸收塔入口 CO_2摩尔比 Y_1	0.348
吸收塔出口 CO_2摩尔比 Y_2	0.3235
塔底液相浓度 $C_{A1}\times10^3$(mol/L)	7.5
塔底液相摩尔比 X_1	0.000135
塔顶液相浓度 $C_{A2}\times10^3$(mol/L)	0.5
塔顶液相摩尔比 X_2	0.000009
溶解度常数 H 解度常$\times10^{-7}$/($kmol\cdot m^{-3}\cdot Pa^{-1}$)	3.35
平衡浓度 $C_{A1}^*\times10^{-3}$(mol/L)	8.75
平衡浓度 $C_{A2}^*\times10^{-3}$(mol/L)	8.33
平均推动力 $\Delta C_{Am}\times10^3$(mol/L)	3.59
液相传质单元数(NTU)	1.67
液相传质单元高度(HTU)(m)	0.47
液相传质系数 K_{La}[kmol/($m^3\cdot h$)]	2694
吸收率 φ(%)	7.04

十、数据记录表

将实验数记录在表 3-20、表 3-21 和表 3-22 中。

表 3-20 干填料时 $\Delta P/z \sim u$ 关系测定

$L=$____(L/h);填料层高度 $Z=$____(m);塔径 $Di=$____(m)				
序号	填料层压强降(mmH_2O)	单位高度填料层压强降(Pa/m)	空气转子流量计读数(m^3/h)	空塔气速(m/s)
1				
2				
3				
4				
5				
6				
7				
…				

表 3-21 湿填料时 $\Delta P/z \sim u$ 关系测定

$L=$____(L/h);填料层高度 $Z=$____(m);塔径 $Di=$____(m)					
序号	填料层压强降(mmH_2O)	单位高度填料层压强降(Pa/m)	空气转子流量计读数(m^3/h)	空塔气速(m/s)	操作现象
1					
2					
3					
4					
5					
6					
7					
…					

表 3-22　填料吸收塔传质实验数据表

被吸收的气体：　　　　;吸收剂：　　　　;塔内径 Di：　　　　mm	
塔类型	
填料种类	
填料层高度(m)	
CO_2转子流量计读数（m^3/h）	
CO_2转子流量计处温度(℃)	
流量计处 CO_2的体积流量(m^3/h)	
空气转子流量计读数(m^3/h)	
水转子流量计读数(m^3/h)	
中和 CO_2用 $Ba(OH)_2$的浓度 M(mol/L)	
中和 CO_2用 $Ba(OH)_2$的体积(mL)	
滴定用盐酸的浓度 M(mol/L)	
滴定塔底吸收液用盐酸的体积(mL)	
滴定空白液用盐酸的体积(mL)	
样品的体积(mL)	
塔底液相的温度(℃)	
亨利常数 E($\times 10^8$Pa)	
塔底液相浓度 C_{A1}($kmol/m^3$)	
空白液相浓度 C_{A2}($kmol/m^3$)	
二氧化碳溶解度 H[$\times 10^{-7}$kmol/(m^3 · Pa)]	
y_1	
平衡浓度 $C_{A1}*$（$kmol/m^3$）	
y_2	
平衡浓度 $C_{A2}*$（$kmol/m^3$）	
平均推动力 ΔC_{Am}($kmolCO_2/m^3$)	
液相体积传质系数 K_{La}(m/s)	
吸收率 η	

第四节　精馏综合实验

一、实验目的

(1)了解精馏单元操作的工作原理、精馏塔结构及精馏流程。

(2)了解精馏过程的主要设备、主要测量点和操作控制点,学会正确使用仪表测量实验数据。

(3)了解和掌握 DCS 控制系统对精馏塔控制操作,认识并读懂带有控制点的流程示意图。

(4)根据实验任务要求设计出精馏塔操作条件,能开启精馏塔,调节操作参数,完成分离任务。

(5)了解精馏塔操作规程、熟练精馏塔操作并能够排除精馏塔内出现的异常现象。

(6)学会识别精馏塔内出现的几种操作状态,并分析这些操作状态对塔性能的影响。

二、实验内容

(1)熟悉精馏设备流程及各组成部分的作用。

(2)掌握精馏塔性能参数的测定方法。

(3)测定精馏塔在全回流和部分回流条件下的理论板数和塔板效率。

三、实验原理、方法和手段

1.实验原理

根据进料量及组成、产品的分离要求,严格维持物料平衡。由全塔物料衡算有:

$$F = D + W \tag{3-37}$$

当 $F > D + W$,会引起淹塔;当 $F < D + W$,会引起塔釜干料。

由易挥发组分物料衡算有:$Fx_F = Dx_D + Wx_W$　　(3-38)

若 $\frac{D}{F} > \frac{x_F - x_W}{x_D - x_W}$,即使塔有足够的分离能力, x_D 仍达不到指定浓度。

精馏塔应有足够的分离能力。N_e 不变,R 足够大,即能获得合格产品。精馏操作过程中应防止发生过量液沫夹带、严重漏液、液泛几种异常操作现象。

2.全回流操作

①建立精馏塔正常操作条件,包括加热条件、流体力学状况等。

②建立精馏塔正常操作条件下的温度分布、浓度分布。

③了解精馏塔的生产能力及分离能力,为部分回流操作做好准备。

3.全塔效率的测定

在一定的回流比下连续操作的精馏塔,当系统达到稳定时,由全塔物料衡算有:

$$F = D + W \tag{3-39}$$

$$Fx_F = Dx_D + Wx_W \tag{3-40}$$

式中:F、D、W——分别为进料量,馏出液量和残液量(kmol/h);

x_F、x_D、x_W——分别为进料,馏出液和残液的浓度(mol%)。

当已知 x_F、x_D、x_W、R 和进料热状况时,达到该分离效果所需要的理论塔板数可以由图解法或逐板计算法确定。则全塔效率为

$$E_0 = N/N_e \tag{3-41}$$

式中:N ——理论塔板数;

N_e——实际塔板数。

全塔效率的大小与塔板的结构、操作条件(温度、压力和回流比等)、物料性质以及浓度变化范围等有关。

4.部分回流时,图解法求理论塔板数

图解法又称麦卡勃-蒂勒(McCabe-Thiele)法,简称 M-T 法。其原理与逐板计算法完全相同,只是将逐板计算过程在 y-x 图上直观地表示出来。

精馏段操作线方程为:

$$y_{n+1} = \frac{R}{R+1}x_n + \frac{x_D}{R+1} \tag{3-42}$$

提馏段操作线方程为:

$$y_{m+1} = \frac{L'}{L'-W}x_m - \frac{Wx_W}{L'-W} \tag{3-43}$$

q 线方程为:

$$y = \frac{q}{q-1}x - \frac{x_F}{q-1} \tag{3-44}$$

进料热状况参数的计算式为:

$$q = \frac{C_{pm}(t_{BP} - t_F) + r_m}{r_m} \tag{3-45}$$

式中：C_{pm}——进料液体在平均温度$(t_F+t_{BP})/2$下的比热，kJ/(kmol·℃)

t_{BP}——进料的泡点温度，℃

t_F——进料温度，℃

r_m——进料液体在其组成和泡点温度下的汽化潜热，kJ/(kmol·℃)

$$C_{Pm}=C_{P1}M_1X_1+C_{P2}M_2X_2 \tag{3-46}$$

$$r_m=r_1M_1X_1+r_2M_2X_2 \tag{3-47}$$

式中：C_{P1}，C_{P2}——分别为纯组份1和组份2在平均温度下的比热，kJ/(kg·℃)。

r_I，r_2——分别为纯组份1和组份2在泡点温度下的汽化潜热，kJ/kg。

M_1，M_2——分别为纯组份1和组份2的摩尔质量，kg/(kmol)

X_1，X_2——分别为纯组份1和组份2在进料中的摩尔分率。

5.单板效率

单板效率又称为莫弗里板效率，如图3-15所示，是指气相或液相经过一层实际塔板前后的组成变化值与经过一层理论板前后的组成变化值之比。

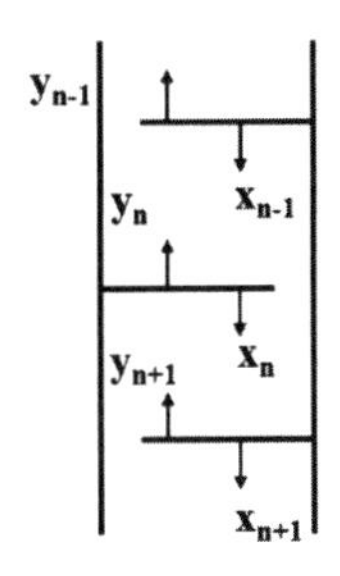

图3-15　板式塔气液相流程图

按气相组成变化表示的单板效率为：

$$E_{MV} = \frac{y_n - y_{n+1}}{y_n^* - y_{n+1}} \tag{3-48}$$

按液相组成变化表示的单板效率为：

$$E_{ML} = \frac{x_{n-1} - x_n}{x_{n-1} - x_n^*} \tag{3-49}$$

四、实验条件

精馏实验装置设备流程图和仪表面板图参见图 3-16、图 3-17 和图 3-18。

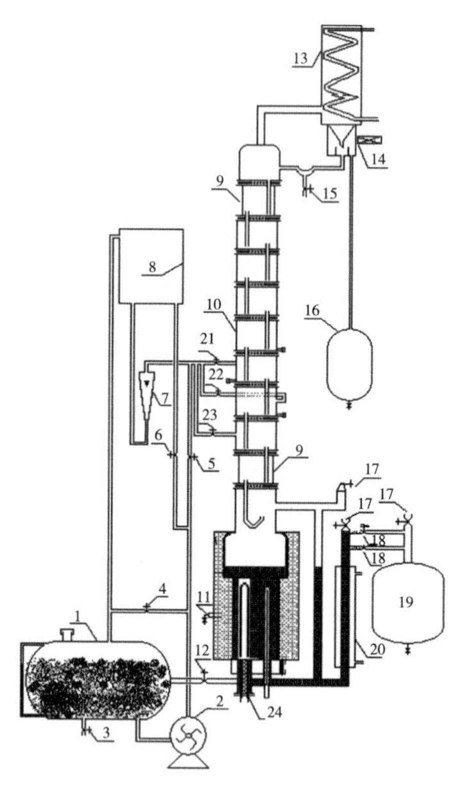

图 3-16 精馏实验装置流程图

1—料罐;2—进料泵;3—放料阀;4—料液循环阀;5—直接进料阀;6—间接进料阀;7—流量计;8—高位槽;9—玻璃观察段;10—精馏塔;11—塔釜取样阀;12—釜液放空阀;13—塔顶冷凝器;14—回流比控制器;15—塔顶取样阀;16—塔顶液回收罐;17—放空阀;18—溢流阀;19—塔釜储料罐;20—塔釜冷凝器;21—第七块板进料阀;22—第八块板进料阀;23—第九块板进料阀;24—塔釜加热棒;25—磁翻转液位计。

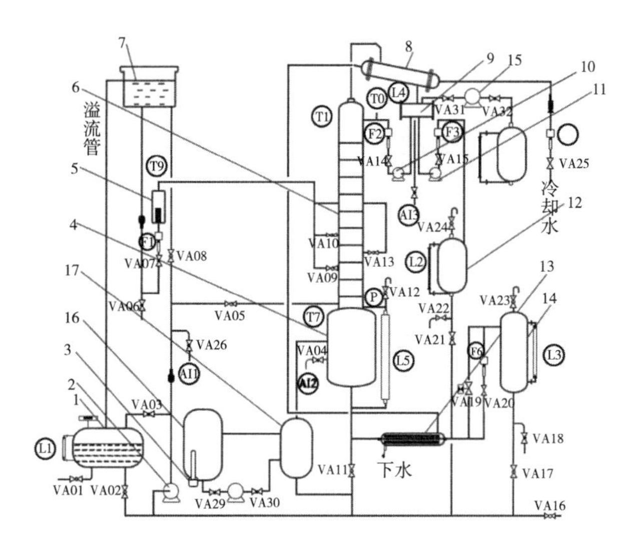

图 3-17　虚拟仿真精馏实验装置流程图

1—储料罐;2—进料泵;3—加热器;4—塔釜;5—进料预热器;6—筛板精馏塔;7—高位槽;8—冷凝器;9—回流罐;10—回流泵;11—采出泵;12—塔顶产品罐;13—塔釜冷凝器;14—塔釜产品罐;15—真空泵;16—导热油罐;17—再沸器。F1—原料进料流量;F2—回流流量;F3—塔顶采出流量;F4—冷却水流量;F5—塔底出料流量。T1—塔顶温度;T7—塔釜温度;T8—回流液温度;T9—进料温度;AI1—原料浓度;AI2—塔釜浓度;AI3—塔顶浓度。L1—原料罐液位;L2—塔顶产品罐液位;L3—塔底产品罐;L4—回流罐液位;L5—塔釜液位

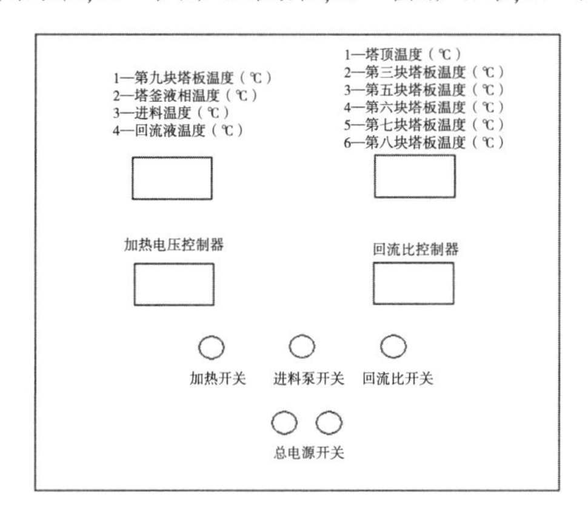

图 3-18　精馏设备仪表面板图

五、实验步骤

1.实验前检查准备工作

①将与阿贝折光仪配套使用的超级恒温水浴(阿贝折光仪和超级恒温水浴用户自备)调整运行到所需的温度,并记录这个温度。将取样用注射器和镜头纸备好。

②检查实验装置上的各个旋塞、阀门均应处于关闭状态。

③配制一定浓度(质量浓度 20%左右)的乙醇-正丙醇混合液(总容量 15 升左右),倒入储料罐。

④打开直接进料阀门和进料泵开关,向精馏釜内加料到指定高度(冷液面在塔釜总高

2/3 处)，而后关闭进料阀门和进料泵。

2.实验操作

①打开塔顶冷凝器进水阀门，保证冷却水足量。

②接通总电源开关(220 V)。

③调节加热电压约为 100 V，使塔内维持正常操作。

④当各块塔板上鼓泡均匀后，保持加热釜电压不变，在全回流情况下稳定 20 分钟左右。其间要随时观察塔内传质情况直至操作稳定。然后分别在塔顶、塔釜取样口用 50 ml 三角瓶同时取样，通过阿贝折射仪分析样品浓度。

3.部分回流操作(加热电压为 80~100 V)

①打开间接进料阀门和进料泵，以高位槽进料方式进行进料，调节转子流量计，以 2.0~3.0 L/h的流量向塔内加料，用回流比控制调节器调节回流比为 $R=3\sim5$，馏出液收集在塔顶产品罐中。

②塔釜产品经冷却后由溢流管流出，收集在塔釜储料罐内。

③待操作稳定后，观察塔板上传质状况，记下加热电压、塔顶温度等有关数据，整个操作中维持进料流量计读数不变，分别在塔顶、塔釜和进料三处取样(同时取样)，用折光仪分析其浓度并记录下进塔原料液的温度。

4.实验结束

①取好实验数据并检查无误后可停止实验，此时关闭进料阀门和加热开关，关闭回流比调节器开关。

②停止加热后 10 分钟再关闭冷却水，一切复原。

③根据物系的 $t-x-y$ 关系，确定部分回流下进料的泡点温度并进行数据处理。

六、虚拟仿真实验方法与步骤

精馏实验依然在仿真实验室(图 3-19)中进行。

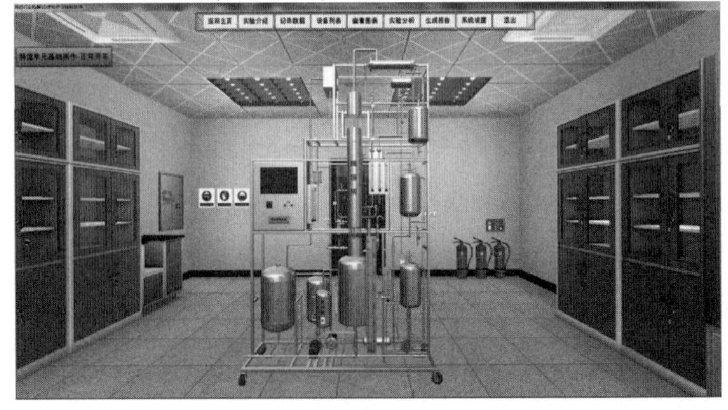

图 3-19　虚拟仿真实验截图

1.精馏塔单元基础操作

1)实验装置实验前准备工作。

开启总电源,检查水、电、仪表、阀、泵、储罐是否出于正常状态。

2)开车操作。

(1)原料进料操作。

①打开储料罐出口阀 VA02,启动进料泵,半开进料泵回流阀 VA03,打开塔釜放空阀 VA12,打开塔釜直接进料阀 VA05,向塔釜加料至 2/3 位置。

②待塔釜料液到指定液位后,关闭阀门 VA05、VA12、VA03,再关闭进料泵开关,关闭储料罐出口阀 VA02。

(2)全回流操作。

①打开塔顶冷凝器冷却水上水阀,调节冷却水流量 80~100 L/h(减压操作时,需打开阀门 VA31,开启真空泵,打开阀门 VA32)。

②打开导热油罐出口阀 VA29,启动导热油泵,打开 VA30,导热油循环。

③打开导热油加热开关,设置导热油加热功率 1.5 kW,塔内液体进行加热。

④待回流罐有一定料液后,启动回流泵,调节回流泵频率,控制回流量 8~15 L/h,维持回流罐内液位稳定,待塔内系统稳定 10~15 分钟后记录相关数据。

(3)部分回流操作。

①打开储料罐出口阀 VA02,开启进料泵,半开泵回流阀 VA03,打开进料泵去高位槽的阀门 VA08,选择进料位置后,开启进料阀 VA09 或 VA10 或 VA13(三选一),打开进料流量计阀门 VA07,控制进料量为 4~6 L/h。

②开启进料预热器,调节预热温度在 38 ℃左右。

③全开塔顶采出流量计阀门 VA15,启动采出泵。

④由全回流操作下的回流流量,根据计算回流比分配回流流量和采出流量。控制回流比为 4,维持回流罐液位稳定。

⑤打开塔釜采出流量计阀门 VA20,调节采出流量 2~4 L/h,待塔内稳定后,记录数据。

3)实验结束。

①关闭塔顶采出泵,关闭塔釜采出流量计阀门 VA20,切换到全回流状态。

②关闭进料预热器,关闭原料进料流量调节阀 VA07,关闭原料进料阀 VA09 或 VA10 或 VA13,关闭进料泵到高位槽的上料阀门 VA08,关闭进料泵。

③关闭导热油罐电加热,关闭 VA30,关闭导热油泵,关闭导热油罐出口阀 VA29。

④待塔顶温度降至 70℃以下,关闭冷却水上水阀。

⑤关闭进料泵回流阀 VA03,关闭储料罐出口阀 VA02。

⑥关闭回流泵,关闭回流流量计开关 VA14,关闭塔顶采出流量计阀门 VA15。

⑦关闭总电源。

2.异常情况及事故的紧急处理

1)液泛。

由于加热量偏大导致的液泛,降低导热油罐加热功率至 1.5 kW。

2)雾沫夹带。

由于加热量太大导致的雾沫夹带,降低导热油罐加热功率至 1.5 kW。

3)严重漏液。

由于加热量太小导致的严重漏液,增大导热油罐加热功率至 1.5 kW。

4)换热器结垢。

换热器结垢后,需要停车清理,停车步骤如下:

①关闭塔顶采出泵。

②关闭塔釜采出流量计阀门 VA20,切换到全回流状态。

③关闭进料预热器;关闭进料流量计阀门。

④关闭原料进料阀 VA10;关闭进料泵到高位槽的上料阀门 VA08。

⑤关闭进料泵;关闭导热油罐电加热。

⑥关闭导热油泵;关闭 VA30;关闭导热油罐出口阀 VA29。

⑦待塔顶温度降至 70℃以下,关闭冷却水上水阀,关闭进料泵回流阀 VA03,关闭储料罐出口阀 VA02。

⑧关闭原料进料流量调节阀 VA07;关闭回流泵;关闭回流流量计开关 VA14。

⑨关闭塔顶采出流量计阀门 VA15;关闭精馏塔气体出口阀 VA28。

⑩关闭总电源。

5)离心泵汽蚀。

离心泵发生汽蚀后,需要停止后重新启动,具体步骤如下:

(1)停止进料。

①关闭塔顶采出泵。

②关闭塔釜采出流量计阀门 VA20,切换到全回流状态。

③关闭进料预热器。

④关闭进料流量计阀门。

⑤关闭进料泵到高位槽的上料阀门 VA08。

⑥关闭进料泵。

⑦关闭储料罐出口阀 VA02。

⑧关闭泵回流阀 VA03。

2)重启进料。

①打开储料罐出口阀 VA02。

②开启进料泵。

③半开泵回流阀 VA03。

④打开进料泵去高位槽的阀门 VA08。

⑤打开进料流量计阀门 VA07,控制进料量为 4~6 L/h。

⑥开启进料预热器。

⑦启动采出泵。

⑧打开塔釜采出流量计阀门 VA20,调节采出流量 2~4 L/h。

3.常压单元操作参数变化对精馏过程的影响

(1)精馏塔回流比。

①调节回流泵频率,控制回流量 9~9.5 L/h。同时调节塔顶采出泵频率,控制塔顶采出量为 3~3.5 L/h,调节回流比为 3,待塔稳定 10~15 分钟后,记录数据。

②调节回流泵频率,控制回流量 8.0~8.5 L/h。同时调节塔顶采出泵频率,控制塔顶采出量为 4.0~4.5 L/h,调节回流比为 2,待塔稳定 10~15 分钟后,记录数据。

③调节回流泵频率,控制回流量 6.0~6.5 L/h。同时调节塔顶采出泵频率,控制塔顶采出量为 6.0~6.5 L/h,调节回流比为 1,待塔稳定 10~15 分钟后,记录数据。

(2)精馏塔进料温度。

①减小进料预热加热频率,调节进料预热温度到 35 ℃,待塔稳定 10~15 min 后记录数据。

②减小进料预热加热频率,调节进料预热温度到 30 ℃,待塔稳定 10~15 min 后记录数据。

③减小进料预热加热频率,调节进料预热温度到 25 ℃,待塔稳定 10~15 min 后记录数据。

(3)导热油加热功率。

①设置导热油加热功率 1.7 kW,精馏塔稳定 10~15 min 后,记录数据。

②设置导热油加热功率 1.9 kW,精馏塔稳定 10~15 min 后,记录数据。

③设置导热油加热功率 2.1 kW,精馏塔稳定 10~15 min 后,记录数据。

七、注意事项

(1)由于实验所用物系属易燃物品,所以实验中要特别注意安全,操作过程中避免洒落以免发生危险。

(2)本实验设备加热功率由仪表自动调节,注意控制加热升温要缓慢,以免发生爆沸(过冷沸腾)使釜液从塔顶冲出。若出现此现象应立即断电,重新操作。升温和正常操作过程中釜的电功率不能过大。

(3)开车时要先接通冷却水再向塔釜供热,停车时操作反之。

(4)检测浓度使用阿贝折光仪。读取折光指数时,一定要同时记录测量温度并按给定的折光指数-质量百分浓度-测量温度关系(见表3-28)测定相关数据。(折光仪和恒温水浴由用户自购,使用方法见说明书)。

(5)为便于对全回流和部分回流的实验结果(塔顶产品质量)进行比较,应尽量使两组实验的加热电压及所用料液浓度相同或相近。连续实验时,应将前一次实验时留存在塔釜、塔顶、塔底产品接受器内的料液倒回原料液储罐中循环使用。

八、思考题

(1)整个精馏系统达到何种状况时方可认为"系统稳定",可以正式采集数据?

(2)在板式塔中,气体(液体)在塔内流动时,可能会出现几种操作现象?

九、数据记录表

将实验数据填入表3-23、表3-24和表3-25中。

表3-23 原始数据记录表

<table>
<tr><td colspan="6">实验装置编号：　　　　实际塔板数：10
实验物系：乙醇-正丙醇　　折光仪分析温度：30 ℃</td></tr>
<tr><td rowspan="2"></td><td colspan="2">全回流：$R=\infty$</td><td colspan="3">部分回流：$R=4$　　进料量：　L/h
进料温度：℃　　泡点温度：℃</td></tr>
<tr><td>塔顶组成</td><td>塔釜组成</td><td>塔顶组成</td><td>塔釜组成</td><td>进料组成</td></tr>
<tr><td>折光指数 n</td><td></td><td></td><td></td><td></td><td></td></tr>
<tr><td>质量分率 W</td><td></td><td></td><td></td><td></td><td></td></tr>
<tr><td>摩尔分率 X</td><td></td><td></td><td></td><td></td><td></td></tr>
</table>

表3-24 精馏段单板效率测定实验记录

实验内容	板号	板上方气相浓度	板上方液相浓度	板下方气相浓度	板下方液相浓度

表 3-25 数据整理表

实验装置编号: 实际塔板数:10

实验物系:乙醇-正丙醇 折光仪分析温度:30 ℃

	全回流:$R=\infty$		部分回流:$R=4$ 进料量: L/h 进料温度: ℃ 泡点温度: ℃		
	塔顶组成	塔釜组成	塔顶组成	塔釜组成	进料组成
摩尔分率 X					
理论板数					
总板效率					

十、数据处理示例

示例数据以表 3-26 为例,采用乙醇-正丙醇体系为例,乙醇分子量 $M_1=46$;正丙醇分子量 $M_2=60$。

表 3-26 乙醇-正丙醇精馏实验各实验数据

回流方式	全回流	部分回流
塔顶温度 t_D(℃)	77.8	79.9
塔釜温度 t_W(℃)	92	94.1
回流液温度 t_L(℃)	30	30
进料温度 t_F(℃)		38
塔釜压力 P(KPa)	1.8	1.7
塔釜加热功率(kW)	1.5	1.5
进料流量 F(L/h)		5
回流流量 L(L/h)	12.5	10.03
塔顶采出流量 D(L/h)		2.66
塔釜采出流量 W(L/h)		2.67
塔顶轻组分含量 W_D(wt%)	67.92	75.92
塔釜轻组分含量 W_W(wt%)	12.98	10.13
进料轻组分含量 W_F(wt%)		31.51

续表 3-26

回流方式	全回流	部分回流
塔顶轻组分摩尔含量 x_D(%)	73.42	80.44
塔釜轻组分摩尔含量 x_W(%)	16.29	12.82
进料轻组分摩尔含量 x_F(%)		37.50
回流比 F		3.76
进料泡点温度 t_{BP}(℃)		88.20
进料与泡点的平均温度 t(℃)		63.10
进料在平均温度下的比热 C_{pm}[kJ/(kmol·℃)]		150.29
进料在泡点温度下的汽化潜热 r_m(kJ/kmol)		40815.07
进料热状况参数 q		1.18

1.全回流条件下的总板效率

塔顶乙醇的摩尔含量为:

$$x_D = \frac{\frac{W_D}{M_1}}{\frac{W_D}{M_1} + \frac{1 - W_D}{M_2}} = \frac{\frac{0.6792}{46}}{\frac{0.6792}{40} + \frac{1 - 0.6792}{60}} \times 100\% = 73.42\%$$

塔釜乙醇的摩尔含量为:

$$x_W = \frac{\frac{W_W}{M_1}}{\frac{W_W}{M_1} + \frac{1 - W_W}{M_2}} = \frac{\frac{0.1298}{46}}{\frac{0.1298}{40} + \frac{1 - 0.1298}{60}} \times 100\% = 16.29\%$$

由图 3-20 可得,全回流下的理论板数 $N_T = 4 - 1 = 3$。

则全回流总板效率 $E_T = \frac{N_T}{N_P} \times 100\% = \frac{3}{10} \times 100\% = 30\%$

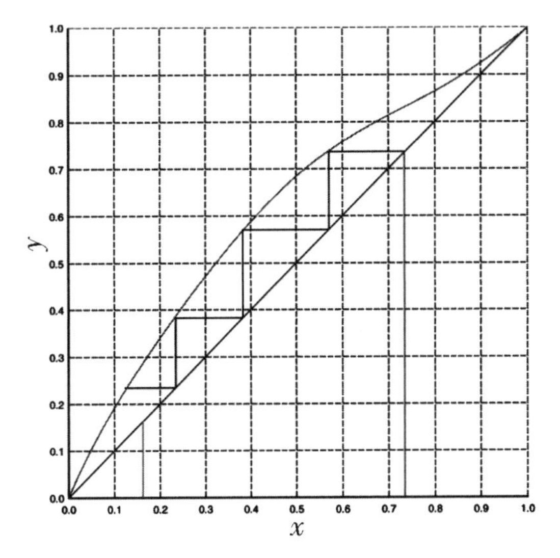

图 3-20　全回流下的理论板层数图解曲线

2.部分回流条件下的总板效率

塔顶乙醇的摩尔含量为：

$$x_D=\frac{\dfrac{W_D}{M_1}}{\dfrac{W_D}{M_1}+\dfrac{1-W_D}{M_2}}=\frac{\dfrac{0.7592}{46}}{\dfrac{0.7592}{40}+\dfrac{1-0.7592}{60}}\times 100\%=80.44\%$$

塔釜乙醇的摩尔含量为：

$$x_W=\frac{\dfrac{W_W}{M_1}}{\dfrac{W_W}{M_1}+\dfrac{1-W_W}{M_2}}=\frac{\dfrac{0.1013}{46}}{\dfrac{0.1013}{40}+\dfrac{1-0.1013}{60}}\times 100\%=12.82\%$$

进料乙醇的摩尔含量为：

$$x_F=\frac{\dfrac{W_F}{M_1}}{\dfrac{W_F}{M_1}+\dfrac{1-W_F}{M_2}}=\frac{\dfrac{0.3151}{46}}{\dfrac{0.3151}{40}+\dfrac{1-0.3151}{60}}\times 100\%=37.50\%$$

回流比

$$R=\frac{L}{W}=\frac{10.03}{2.66}=3.77$$

原料液的泡点温度为

$$\begin{aligned}t_{BP}&=9.1389\times {x_F}^2-27.861\times x_F+97.359\\&=9.1389\times 0.3750\times 0.3750-27.861\times 0.3750+97.359=88.20℃\end{aligned}$$

利用插值法查得 88.20℃下，乙醇的摩尔汽化热为 $r_1 = 819.82\text{kJ/kg}$，正丙醇的摩尔汽化热为 $r_2 = 711.29\ \text{kJ/kg}$

则进料在泡点温度的汽化潜热为

$$\begin{aligned} r_m &= r_1 M_1 x_F + r_2 M_2 (1-x_F) \\ &= 819.82\times46\times0.3750+711.29\times60\times(1-0.3750) = 40815.07(\text{kJ/mol}) \end{aligned}$$

进料温度和泡点温度的平均温度

$$t = \frac{T_F + T_{BP}}{2} = \frac{38+88.20}{2} = 63.10℃$$

利用插值法查得 63.10℃下乙醇的定压比热容 $C_{p1} = 2.80\ \text{kJ/(kg·℃)}$，正丙醇的定压比热容 $C_{p2} = 2.72\ \text{kJ/(kg·℃)}$。

在平均温度下原料的平均定压比热容为

$$\begin{aligned} C_{pm} &= C_{p1} M_1 x_F + C_{p2} M_2 (1-x_F) \\ &= 2.80\times46\times0.3750+2.72\times60\times(1-0.3750) = 150.29[\text{kJ/(kmol·℃)}] \end{aligned}$$

进料热状况参数 q

$$q = \frac{C_{pm}(t_{BP}-t_F)+r_m}{r_m} = \frac{150.29\times(88.20-38)+40815.07)}{40815.07} = 1.18$$

由图 3-21 可得，部分回流下的理论板数 $N_T = 7-1 = 6$。

则部分回流总板效率 $E_T = \frac{N_T}{N_P}\times100\% = \frac{6}{10}\times100\% = 60\%$

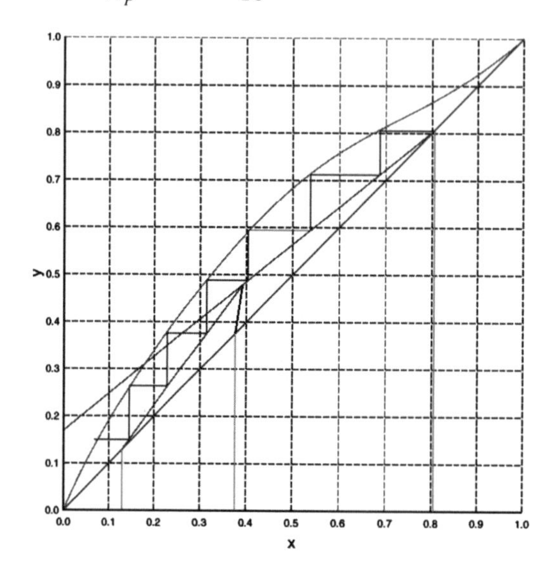

图 3-21　部分回流下的理论板层数图解曲线

十一、其他说明

1.技术参数和指标

实验物系：乙醇-正丙醇；实验物系纯度要求：分析纯；实验物系平衡关系见表 3-27；实验物系浓度要求：15～25%（乙醇质量百分数），浓度分析使用阿贝折光仪，折光指数与溶液浓度的关系见表 3-29。

表 3-27　乙醇-正丙醇 t-x-y 关系（以乙醇摩尔分率表示，x-液相，y-气相）

t	97.60	93.85	92.66	91.60	88.32	86.25	84.98	84.13	83.06	80.50	78.38
x	0	0.126	0.188	0.210	0.358	0.461	0.546	0.600	0.663	0.884	1.0
y	0	0.240	0.318	0.349	0.550	0.650	0.711	0.760	0.799	0.914	1.0

在标准大气压下，乙醇沸点：78.3 ℃，正丙醇沸点：97.2 ℃。如表 3-28 所示。

表 3-28　精馏塔结构参数

名称	直径（mm）	高度（mm）	板间距（mm）	板数（块）	板型、孔径（mm）	降液管	材质
塔体	Φ57×3.5	100	100	10	筛板 2.0	Φ8×1.5	不锈钢
塔釜	Φ100×2	300					不锈钢
塔顶冷凝器	Φ57×3.5	300					不锈钢
塔釜冷凝器	Φ57×3.5	300					不锈钢

实验物系浓度要求：15%～25%（乙醇质量百分数），浓度分析使用阿贝折光仪，折光指数与溶液浓度的关系确定可采用 2 种方式。

①查表法：折光指数与溶液浓度的关系见表 3-29。

表 3-29　温度-折光指数-液相组成之间的关系

	0	0.05052	0.09985	0.1974	0.2950	0.3977	0.4970	0.5990
25℃	1.3827	1.3815	1.3797	1.3770	1.3750	1.3730	1.3705	1.3680
30℃	1.3809	1.3796	1.3784	1.3759	1.3755	1.3712	1.3690	1.3668
35℃	1.3790	1.3775	1.3762	1.3740	1.3719	1.3692	1.3670	1.3650
	0.6445	0.7101	0.7983	0.8442	0.9064	0.9509	1.000	
25℃	1.3670	1.3658	1.3640	1.3628	1.3618	1.3606	1.3589	
30℃	1.3657	1.3640	1.3620	1.3607	1.3593	1.3584	1.3574	
35℃	1.3634	1.3620	1.3600	1.3590	1.3573	1.3563	1.3551	

②数学模型法

不同温度下质量分率与阿贝折光仪读数之间的回归数学模型为

25℃～29℃　　$W=56.50-40.84n_D$

30℃～34℃　　$W=58.844-42.613n_D$

其中：n_D——折光率（折光指数）；

W——乙醇的质量分率；

乙醇摩尔质量 $M_A=46$

正丙醇摩尔质量 $MB=60$

进料热状况参数 q 的计算式为：

$$q=\frac{C_{Pm}(t_{BP}-t_F)+r_m}{r_m} \tag{3-50}$$

式中：

C_{Pm}—进料液体在平均温度$(t_F+t_{BP})/2$下的比热，kJ/(kmol·℃)；

t_{BP}—进料的泡点温度，℃；

t_F—进料温度，℃；

r_m—进料液体在其组成和泡点温度下的汽化潜热，kJ/(kmol·℃)。

其中：

$$\left.\begin{aligned}C_{Pm}&=C_{P1}M_1X_1+C_{P2}M_2X_2\\ r_m&=r_1M_1X_1+r_2M_2X_2\end{aligned}\right\} \tag{3-51}$$

式中：

C_{P1},C_{P2}——分别为纯组份1和组份2在平均温度下的比热，kJ/(kg℃)，可查液体比热容共线图获取；

r_1,r_2——分别为纯组份1和组份2在泡点温度下的汽化潜热，kJ/kg，可查液体比热容共线图获取；

M_1,M_2——分别为纯组份1和组份2的摩尔质量，kg/(kmol)；

x_1,x_2——分别为纯组份1和组份2在进料中的摩尔分率。

2.阿贝折光仪的使用方法

(1)了解质量浓度—折光指数标定曲线的适用温度。

(2)看超级恒温水浴的触点温度计的设定温度是否在标定曲线的适用温度附近。若不是，则需调整至适用温度。

(3)开启超级恒温水浴，待恒温后，看阿贝折光仪测量室的温度是否正好等于标定曲线的适用温度。若否，则应适当调整超级恒温水浴的触点温度计，使阿贝折光仪测量室的温度正好等于标定曲线的适用温度。

(4)用折光仪测定无水乙醇的折光指数,看折光仪的“零点”是否正确。

(5)测定某物质的折光指数的步骤如下:

①打开电源开关,检查光源。

②测量折光指数时,放置待测液体的薄片状空间可称为“样品室”。测量之前应用镜头纸(或脱脂棉)将样品室的上下磨砂玻璃表面擦拭干净,以免留有其他物质影响测定的精确度,然后用胶头滴管滴加2~3滴丙酮至玻璃表面,用镜头纸(或脱脂棉)将样品室的上下磨砂玻璃表面轻轻擦拭干净。

③用滴管将待测液体滴入样品室,然后立即锁紧手柄挂钩,将样品室锁紧(锁紧即可,不要用力过大)。将光源对准样品室使镜筒内的视场明亮。

④从目镜中可看到视场的镜筒叫“望远镜筒”,转动目镜下方侧面的手轮使望远镜筒视场中除黑白两色外无其他颜色。在旋转手轮将视场中黑白分界线调至斜十字线的中心,转动目镜底部手轮使得黑白分界线清晰(图3-22所示)。

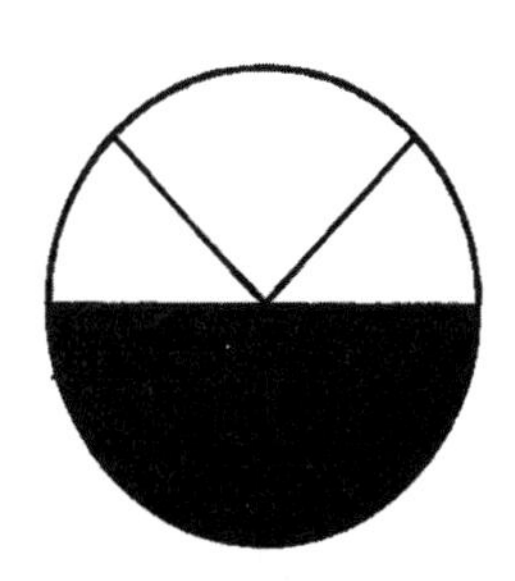

图3-22　黑白视场

⑤按下读数按钮,即可读取折光率。根据读得的折光指数数值n_D和样品室的温度,从浓度-折光指数标定曲线查该样品的质量分率(或使用数学模型法进行计算)。

⑥要注意保持折光仪的清洁,严禁污染光学零件,必要时可用干净的镜头纸或脱脂棉轻轻地擦拭。如光学零件表面有油垢,可用脱脂棉蘸少许丙酮轻轻地擦拭。

第五节　干燥实验

一、实验目的

（1）通过本实验的学习，使学生掌握干燥速率曲线及临界湿含量的实验测定方法，加深对干燥操作过程及其机理的理解。

（2）学习干、湿球温度计的使用方法，学习被干燥物料与热空气之间对流传热系数的测定方法。

（3）研究恒速干燥速率，临界湿含量，平衡湿含量随其影响因素的变化规律。

二、实验内容

测定恒定干燥条件下恒速干燥速率，临界湿含量，平衡湿含量等参数。

三、实验原理和方法

1.实验原理

当湿物料与干燥介质相接触时，物料表面的水分开始气化，并向周围介质传递。根据干燥过程中不同期间的特点，干燥过程分为两个阶段。

第一阶段为恒速干燥阶段。在过程开始时，由于整个物料的湿含量较大，其内部的水分能迅速地达到物料表面。因此，干燥速率为物料表面上水分的汽化速率所控制，故此阶段也称为表面汽化控制阶段。在此阶段，干燥介质传给物料的热量全部用于水分的汽化，物料表面的温度维持恒定（等于热空气湿球温度），物料表面处的水蒸气分压也维持恒定，故干燥速率恒定不变。

第二阶段为降速干燥阶段，当物料被干燥达到临界湿含量后，便进入降速阶段。此时，物料中所含水分较少，水分自物料内部向表传递速率所控制，故此阶段亦称为内部迁移控制阶段。随着湿含量逐渐减少，物料内部水分的迁移速率不断下降。恒速段的干燥速率和临界含水量的影响因素主要有固体物料种类和性质，固体物料层厚度或颗粒大小，空气的温度、湿度和流速，空气与固体物料间的相对运动方式等。

2.实验方法

将湿物料置于温度、湿度、流量不变的空气流中，称取相应的时间间隔内湿物料的质量，从而计算物料的湿含量 X（干基）和干燥累计时间，即可标绘恒定干燥过程的干燥曲线。

干燥速率可由下式计算

$$U = \frac{G_c \cdot X}{A \cdot \theta}$$

从而可标绘干燥速率曲线。

四、实验条件

(1)实验装置流程和设置面板如图 3-23、图 3-24 所示。

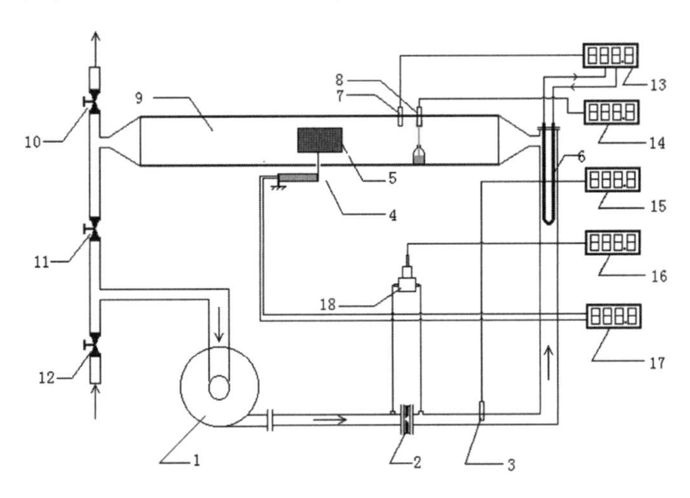

图 3-23　实验装置流程示意图

1—风机;2—孔板流量计;3—空气进口温度计;4—重量传感器;5—被干燥物料;6—加热器;7—干球温度计;8—湿球温度计;9—洞道干燥器;10—废气排出阀;11—废气循环阀;12—空气进气阀;13—干球温度显示控制仪表;14—湿球温度显示仪表;15—进口温度显示仪表;16—流量压差显示仪表;17—重量显示仪表;18—压力变送器

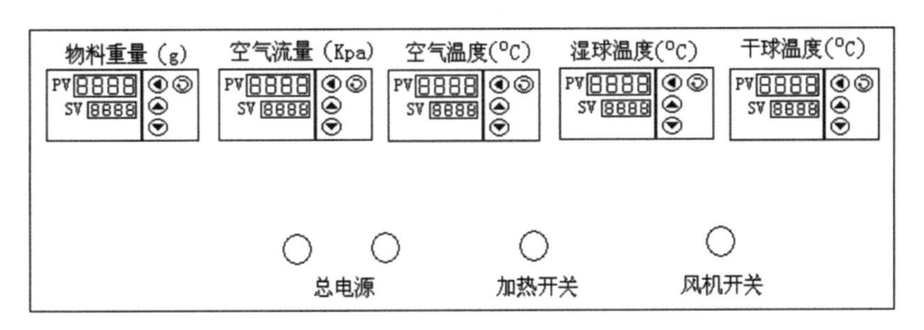

图 3-24　设备面板示意图

(2)实验设备主要技术数据。

洞道干燥器:空气流通的横截面积　$0.15 \times 0.2 = 0.03\ m^2$

鼓风机:CZR-L80 型三相低噪声中压风机,最大出口风压为 1.7 kPa。

空气预热器:三个电热器并联，每个电热器的额定功率为 450 W,额定电压为 220 V。

重量变送器:量程 0~200 g,精度 0.1 级,输出 0~5 V。

压差变送器:量程 0~10 kPa,精度 0.5 级,输出 4~20 mA。

显示仪表:输入 0~5 V,显示 0-200 g(重量显示);

输入 4~20 mA,显示 0~10 kPa(压差显示);

输入 Pt100,显示-50~150 ℃(温度显示);

孔板流量计孔流系数:$c_0=0.65$

孔板孔径:$d_0=0.040$ m

被干燥物的试样:每一套装置所用某种纺织布料的干燥面积、绝干物料量可能稍有差别。

五、实验步骤

1.实验前的准备工作

①将被干燥物料试样进行充分的浸泡。

②向湿球温度湿度计的附加烧杯内,补充适量的水,使杯内水面上升至适当位置。

③将被干燥物料的空支架安装在洞道内。

④调节空气入口阀到全开的位置。

2.装置的实验操作方法

①按下电源开关的绿色按键,再按风机开关按钮,启动风机。

②调节三个蝶阀到适当的位置,将空气流量调至指定读数。

③在温度显示控制仪表上,调节实验所需温度值,此时(PV)窗口所显示的即为干燥器的干球温度实际值,按下加热开关,让电热器通电。

④干燥器的流量和干球温度恒定达 5 分钟之后,即可开始实验。此时,读取物料重量数字显示仪表的读数作为试样支撑架的重量(G_D)。

⑤将被干燥物料试样从水盆内取出,除去浮挂在其表面上的水份(使用呢子物料时,最好用力挤去所含的水分,以免干燥时间过长。将支架从干燥器内取出,再将物料夹好后插回)。

⑥将支架连同试样放入洞道内,并安插在其支撑杆上。注意:不能用力过大,使传感器受损。

⑦立即按下秒表开始计时,并记录显示仪表的显示值。然后每隔一段时间记录数据一次(记录总重量和时间),直至重量的减少是恒速阶段所用时间的 8 倍时,即可结束实验。注意若发现时间已过去很长,但减少的重量还达不到所要求的克数,则可立即记录数据。

六、虚拟仿真实验方法与步骤

干燥仿真实验情况如图 3-25 所示。

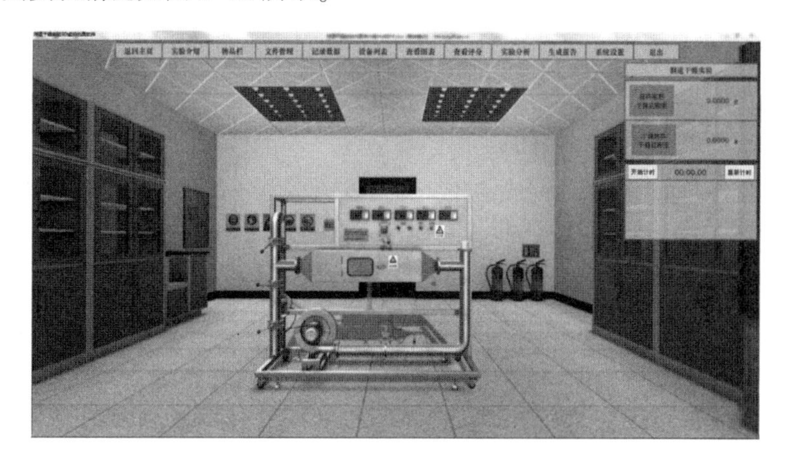

图 3-25　虚拟仿真实验画面截图

1.实验准备

①将 150 g 左右物料(变色硅胶)放置 2000 mL 烧杯中,利用喷壶分次加水,并在每次加水后摇匀,待烧杯中物料加水摇动时出现结块时,再少量加入干物料摇匀成分散颗粒后备用。(本实验开始之前,湿硅胶已经配好,放在物品栏中。)

②称取 50 g 左右湿物料放置培养皿中摇匀,放入干燥箱(公用)中干燥,干燥箱设定温度为 90 ℃(取样干燥过程已做),点击右上方的“原料取样干燥后称重按钮”,获取取样干燥后的重量,测取原料的含水率 w_1。

③调节送风机吸入口 V3 和排出 V1 的蝶阀到全关的位置。

④将洞道干燥器内的湿球温度瓶加水并将纱布放入瓶中(系统已放置好)。

2.实验操作

①开启实验装置总电源,设定好干球温度 65 ℃,开启风机开关后立即将阀门 V3 和 V1 全部打开并用循环阀门 V2 调节空气流量为 0.86 kPa,稳定后开启加热开关对空气进行加热。

②待空气流量、干、湿球温度稳定后,打开洞道干燥器舱门,将“物品栏”按钮中已经配置称量好的湿硅胶(60~80 g)物料均匀的放置在干燥器中的干燥架上。

③关闭洞道干燥器舱门。

④放入物料后,点击右上角的“开始计时”,开始记录时间和初始重量,每隔 3 分钟点击“计时分割”,记录干燥时间和干燥总重量,直至待干燥物料的重量不再明显减轻为止(即 3 分钟水分减少 0.1~0.2 g)。

⑤打开洞道干燥器舱门,点击干燥架干燥物料,将干燥物料取出,关闭洞道干燥器舱门。

⑥点击右上方“干燥物料干燥后称重”，获取干燥物料经过干燥箱干燥后的质量。

3. 结束实验

①实验结束时先关闭加热，待干球温度降低到 45 ℃后再关闭风机和总电源。

②关闭蝶阀 V1、V2、V3。

七、注意事项

(1)在安装试样时，一定要小心保护传感器，以免用力过大使传感器造成机械性损伤。

(2)在设定温度给定值时，不要改动其他仪表参数，以免影响控温效果。

(3)为了设备的安全，开车时，一定要先开风机后开空气预热器的电热器。停车时则反之。

(4)突然断电后，再次开启实验时，检查风机开关、加热器开关是否已被按下，如果被按下，请再按一下使其弹起，不再处于导通状态。

八、思考题

(1)干燥曲线必须在恒定干燥条件下测定，实验中哪些条件要恒定?

(2)为什么在操作中要先开鼓风机送气，然后再通电加热?

(3)实验中测量湿球温度有何意义? 往湿球纱布上加水为何不能过多?

(4)试分析本实验可能造成误差的主要原因。

九、数据记录表

表 3-29　干燥实验装置实验原始及整理数据表

空气孔板流量计读数 R：　kPa，流量计处的空气温度 t_0：　干球温度 t：					
湿球温度 t_W：　框架重量 G_D：　绝干物料量 G_C：					
干燥面积 S　　洞道截面积：					
序号	累计时间	总重量	干基含水量	平均含水量	干燥速率
	T(分秒)	G_T(g)	X(kg/kg)	X_{AV}(kg/kg)	$U\times10^4$[kg/(s·m^2)]
1					
2					
3					
4					
5					
6					
…	…	…	…	…	…

十、数据处理示例

数据仅供参考,以具体实验为准。

1.调试实验结果

调试实验数据见表3-30,表中符号意义如下:

S——干燥面积,m^2;G_C——绝干物料量,g;

R——空气流量计的读数,kPa;

T_o——干燥器进口空气温度,℃;

t——试样放置处的干球温度,℃;

t_w——试样放置处的湿球温度,℃;

G_D——试样支撑架的重量,g;

G_T——被干燥物料和支撑架的总重量,g;

G——被干燥物料重量,g;

T——累计的干燥时间,S;

X——物料干基含水量,kg 水/kg 绝干物料;

X_{AV}——两次记录之间被干燥物料的平均含水量,kg 水/kg 绝干物料;

U——干燥速率,kg 水/(s · m^2)。

2.数据计算举例

以表3-26中第i和i+1组数据为例

被干燥物料的重量 G: $G_i = G_{T,i} - G_D$(g)

$$G_{G+i} = G_{T,i+1} - G_D (g)$$

被干燥物料的干基含水量 X: $X_i = \dfrac{G_i - G_c}{G_c}$ [kg 水/kg 绝干物料]

$$X_{i+1} = \frac{G_{i+1} - G_c}{G_c} \text{ [kg 水/kg 绝干物料]}$$

物料平均含水量 X_{AV}:

$$X_{AV} = \frac{X_i + X_{i+1}}{2} \text{ [kg 水/kg 绝干物料]}$$

平均干燥速率 $U = -\dfrac{G_c \times 10^{-3}}{S} \times \dfrac{dX}{dT} = -\dfrac{G_c \times 10^{-3}}{S} \times \dfrac{X_{i+1} - X_i}{T_{i+1} - T_t}$ [kg 水/(s · m^2)]

干燥曲线 X-T 曲线,用 X、T 数据进行标绘,见图3-26。

干燥速率曲线 U-X 曲线,用 U、X_{AV} 数据进行标绘,见图3-27。

恒速阶段空气至物料表面的对流传热系数

$$\alpha = \frac{Q}{S \times \Delta t} = \frac{U_c \gamma_{tw} \times 10^3}{t - tw} \text{ [W/(m}^2\text{℃)]}$$

流量计处体积流量 V_t[m^3/h]用其回归式算出。

由流量公式计算　$V_t = c_0 \times A_0 \times \sqrt{\dfrac{2 \times \Delta P}{\rho_{t0}}}$　(3-52)

其中：c_0——孔板流量计孔流系数，$c_0=0.65$；

A_0——孔的面积，m^2；

d_0——孔板孔径，$d_0=0.040m$；

ΔP——孔板两端压差，Kpa；

V_t——空气入口温度（及流量计处温度）下的体积流量，m^3/h；

ρ_{t0}——空气入口温度（及流量计处温度）下密度，Kg/m^3。

干燥试样放置处的空气流量　$V=V_t\times\dfrac{273+t}{273+t_0}$ (m^3/h)

干燥试样放置处的空气流速　$u=\dfrac{V}{3600\times A}$，$(m/s)$

以表3-26实验数据为例进行计算：

由 $i=1$，$i+1=2$，$G_{T,i}=185.3(g)$，$G_{T,i+1}=184.1(g)$，$G_D=88.7(g)$

得 $G_i=96.6(g)$，$G_{i+1}=95.4(g)$，$G_C=32(g)$

$X_i=2.0188$（kg 水/kg 绝干物料）

$X_{i+1}=1.9813$（kg 水/kg 绝干物料）

$X_{AV}=2.0000$（kg 水/kg 绝干物料）

$S=2\times0.139\times0.078=0.02168(m^2)$

$T_i=0(s)$，　$T_{i+1}=180(s)$

$U=3.074\times10^{-4}$[kg 水/(s · m^2)]

3.**实验数据记录表及相关图像**

表3-30　实验数据记录及整理结果

空气孔板流量计读数 R:0.55 kPa　流量计处的空气温度 t_o:34.2 ℃
干球温度 t:70 ℃

湿球温度 t_W:28.4 ℃　框架重量 G_D:88.7 g　绝干物料量 G_C:32 g

干燥面积 S:$0.139\times0.078\times2=0.021684(m^2)$　洞道截面积:$0.15\times0.2=0.03(m^2)$

序号	累计时间 T(分)	总重量 G_T(g)	干基含水量 X(kg/kg)	平均含水量 X_{AV}(kg/kg)	干燥速率 $U\times10^4$[kg/(s · m^2)]
1	0	185.3	2.0188	2.0000	3.074
2	3	184.1	1.9813	1.9516	4.868
3	6	182.2	1.9219	1.8938	4.612
4	9	180.4	1.8656	1.8313	5.637

续表 3-30

序号	累计时间 T(分)	总重量 G_T(g)	干基含水量 X(kg/kg)	平均含水量 X_{AV}(kg/kg)	干燥速率 $U\times10^4$[kg/(s·m^2)]
5	12	178.2	1.7969	1.7641	5.380
6	15	176.1	1.7313	1.7000	5.124
7	18	174.1	1.6688	1.6328	5.893
8	21	171.8	1.5969	1.5625	5.637
9	24	169.6	1.5281	1.4953	5.380
10	27	167.5	1.4625	1.4266	5.893
11	30	165.2	1.3906	1.3578	5.380
12	33	163.1	1.3250	1.2922	5.380
13	36	161.0	1.2594	1.2250	5.637
14	39	158.8	1.1906	1.1578	5.380
15	42	156.7	1.1250	1.0922	5.380
16	45	154.6	1.0594	1.0266	5.380
17	48	152.5	0.9938	0.9625	5.124
18	51	150.5	0.9313	0.8984	5.380
19	54	148.4	0.8656	0.8313	5.637
20	57	146.2	0.7969	0.7641	5.380
21	60	144.1	0.7313	0.7016	4.868
22	63	142.2	0.6719	0.6406	5.124
23	66	140.2	0.6094	0.5797	4.868
24	69	138.3	0.5500	0.5188	5.124
25	72	136.3	0.4875	0.4609	4.355
26	75	134.6	0.4344	0.4109	3.843
27	78	133.1	0.3875	0.3703	2.818
28	81	132.0	0.3531	0.3359	2.818
29	84	130.9	0.3188	0.3063	2.050
30	87	130.1	0.2938	0.2813	2.050
31	90	129.3	0.2688	0.2563	2.050
32	93	128.5	0.2438	0.2328	1.793

续表 3-30

序号	累计时间 T(分)	总重量 G_T(g)	干基含水量 X(kg/kg)	平均含水量 X_{AV}(kg/kg)	干燥速率 $U\times10^4$[kg/(s·m^2)]
33	96	127.8	0.2219	0.2125	1.537
34	99	127.2	0.2031	0.1938	1.537
35	102	126.6	0.1844	0.1766	1.281
36	105	126.1	0.1688	0.1609	1.281
37	108	125.6	0.1531	0.1453	1.281
38	111	125.1	0.1375	0.1297	1.281
39	114	124.6	0.1219	0.1141	1.281
40	117	124.1	0.1063	0.1000	1.025
41	120	123.7	0.0938	0.0875	1.025
42	123	123.3	0.0812	0.0781	0.512
43	126	123.1	0.0750	0.0734	0.256
44	129	123.0	0.0719	0.0359	

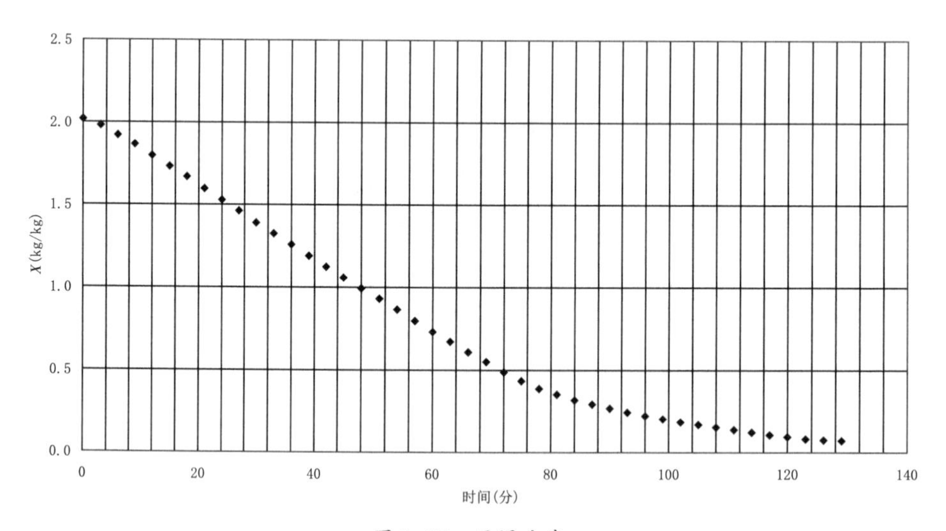

图 3-26　干燥曲线

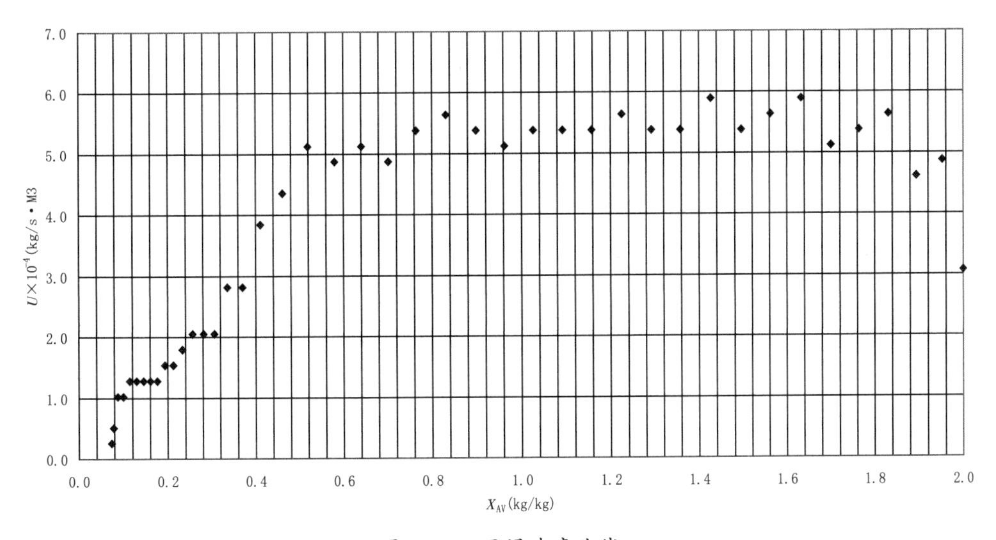
7.0
6.0
5.0
4.0
3.0
2.0
1.0
0.0
$U\times10^{-4}$(kg/s·M3)
0.0
0.2
0.4
0.6
0.8
1.0
1.2
1.4
1.6
1.8
2.0
X_{AV}(kg/kg)

图 3-27　干燥速率曲线

第六节　雷诺实验

一、实验目的

（1）观察液体流动时的层流和紊流现象，区分两种不同流态的特征，弄清两种流态产生的条件。

（2）测定颜色水在管中的不同状态下的雷诺数及沿程水头损失，通过对颜色水在管中的不同状态的分析，加深对管流不同流态的了解。

二、实验内容

测定不同雷诺数及沿程水头损失。

三、实验原理和装置

雷诺实验装置示意图如图 3-28 所示。

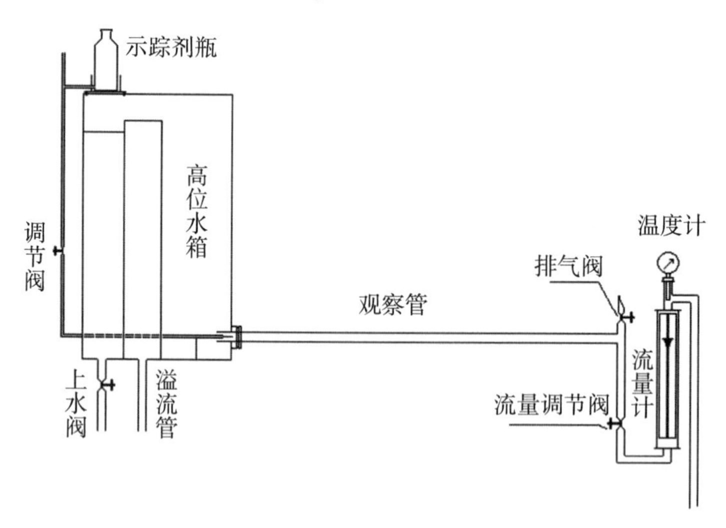

图 3-28　实验装置流程示意图

流体流动型态可用雷诺数（Re）来判断，若流体在圆管内流动，则雷诺数可用式（3-53）表示。

$$Re=\frac{\rho du}{\mu} \tag{3-53}$$

$$\begin{cases} Re \leq 2000 \text{ 滞流} \\ 2000 < R < 4000 \text{ 过渡} \\ Re \geq 4000 \text{ 湍流} \end{cases}$$

(1)实验装置简介。

本装置可以演示层流、过渡流、湍流等各种流型,并清晰观察到流体在圆管内流动过程的速度分布。

(2)实验装置主要技术参数。

实验管道有效长度 $L=1100$ mm　　外径 $Do=30$ mm　　内径 $Di=24.2$ mm

四、实验步骤

1.实验前的准备工作

①向棕色试剂瓶中加入适量用水稀释过的红墨水。通过调节阀将红墨水充满小进样管中。

②观察细管位置是否处于管道中心线上,必要时对细管位置进行调整,使它处于观察管道的中心线上。

③关闭水流量调节阀、排气阀,打开上水阀、排水阀,使自来水充满水槽,并让其保持一定的溢流量。

④轻轻打开水流量调节阀,让水缓慢流过实验管道,使红水全部充满细管道中。

2.雷诺实验演示

①在做好以上准备的基础上,调节进水阀,维持尽可能小的溢流量。

②缓慢有控制地打开红水流量调节夹,红水流束即呈现不同流动状态,红水流束所表现的就是当前水流量下实验管内水的流动状况(图 3-29 表示层流流动)。读取流量数值并计算出雷诺准数。

③因进水和溢流造成的震动,有时会使实验管道中的红水流束偏离管内中心线或发生不同程度的左右摆动,此时可立即关闭进水阀 3,稳定一段时间,即可看到实验管道中出现的与管中心线重合的红色直线。

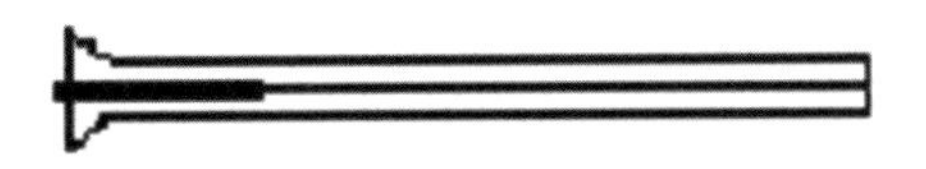

图 3-29　层流流动示意图

④加大进水阀开度,在维持尽可能小的溢流量情况下提高水的流量,根据实际情况适当调整红水流量,即可观测实验管内水在各种流量下的流动状况。为部分消除进水和溢流所造成震动的影响,在滞流和过渡流状况的每一种流量下均可采用上述雷诺实验演示第(3)点

中介绍的方法,立即关闭进口阀门3,然后观察管内水的流动状况(过渡流、湍流流动如图3-30所示)。读取流量数值并计算雷诺准数。

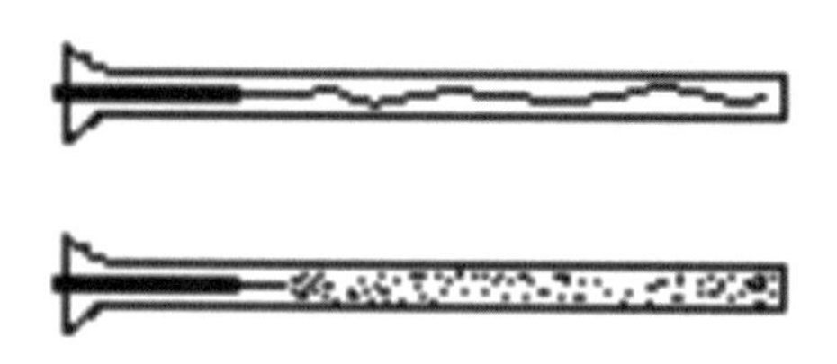

图3-30　过渡流、湍流流动示意图

3.圆管内流体速度分布演示实验

①关闭上水阀、流量调节阀。

②将红水流量调节夹打开,使红水滴落在不流动的实验管路中。

③突然打开流量调节阀,在实验管路中可以清晰看到红水流动所形成的如图3-30所示的速度分布。

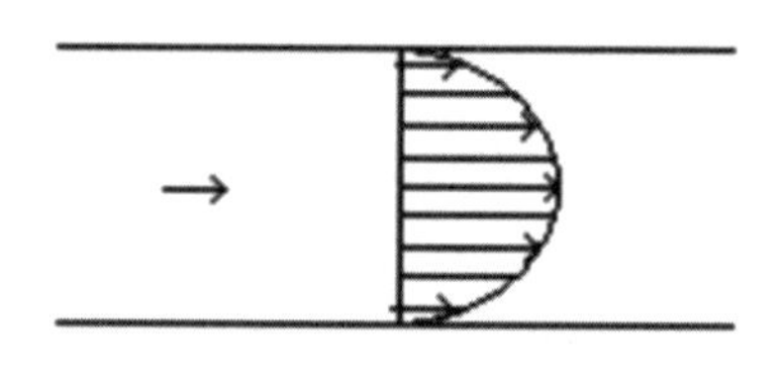

图3-31　流速分布示意图

4.实验结束

①首先关闭红水流量调节夹,停止红水流动。

②关闭上水阀,使自来水停止流入水槽。

③待实验管道中红色消失时,关闭水流量调节阀。

④如果日后较长时间不再使用该套装置,请将设备内各处存水放净。

五、注意事项

演示滞流流动时,为了使滞流状况较快形成并保持稳定,请注意以下几点:

(1)水槽溢流尽可能小,因为溢流过大,上水流量也大,上水和溢流两者造成的震动都比较大,影响实验结果。

(2)应尽量不要人为地使实验架产生任何震动,为减小震动,在条件允许情况下可对实验架底面进行固定。

六、数据记录表

将实验相关数据填入表 3-31 中。

表 3-31　雷诺实验装置数据表

序号	流量（L/h）	流量（m^3/s）	流速（m/s）	雷诺准数 Re	观察现象	流型
1	60	1.67E-05	0.036	940.3	管中一条红线	层流
2	80	2.22E-05	0.048	1253.7	管中一条红线	层流
3	100	2.78E-05	0.060	1567.1	管中一条红线	层流
4	120	3.33E-05	0.073	1880.6	管中红线波动	过渡流
5	150	4.17E-05	0.091	2350.7	管中红线波动	过渡流
6	180	5.00E-05	0.109	2820.8	红水扩散	湍流
7	220	6.11E-05	0.133	3447.7	红水扩散	湍流

第七节　能量转换实验

一、实验目的

(1)观察流体在管内流动时静压能、动能、位能相互之间的转换关系,加深对伯努利方程的理解。

(2)通过能量之间变化了解流体在管内流动时其流体阻力的表现形式。

(3)观测到当流体经过扩大、收缩管段时,各截面上静压头的变化过程。

二、实验装置

1.实验设备

实验设备示意图见图3-32,实验测试导管结构尺寸标绘见图3-33。

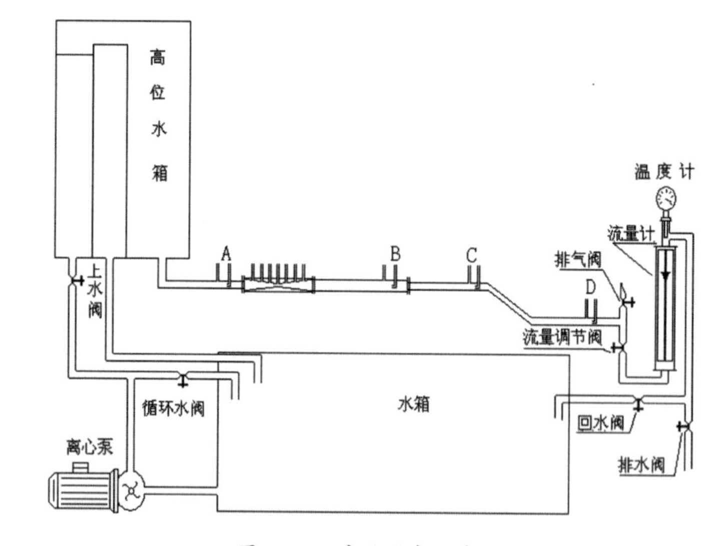

图3-32　实验设备示意图

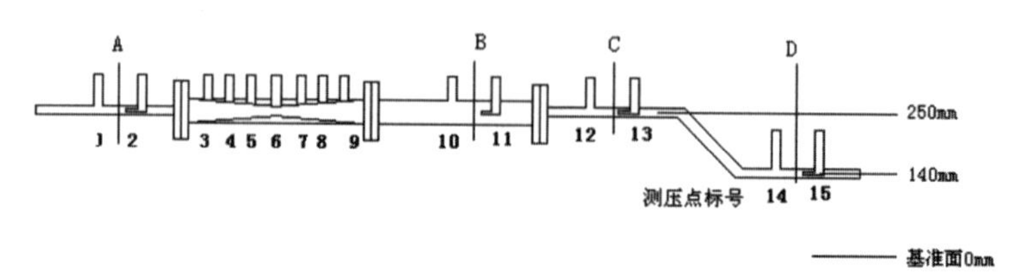

图3-33　实验测试导管管路图

2.实验设备主要技术参数

主体设备离心泵:型号WB50/025

三、实验方法及步骤

①将低位槽灌入一定量的蒸馏水,关闭离心泵出口上水阀及实验测试导管出口流量调节阀、排气阀、排水阀,打开回水阀和循环水阀后启动离心泵。

②逐步开大离心泵出口上水阀,当高位槽溢流管有液体溢流后,利用流量调节阀调节出水流量。稳定一段时间。

③待流体稳定后读取并记录各点数据。

④逐步关小流量调节阀,重复以上步骤继续测定多组数据。

⑤分析讨论流体流过不同位置处的能量转换关系并得出结论。

⑥关闭离心泵,结束实验。

四、注意事项

(1)不要将离心泵出口上水阀开得过大,以免使水流冲击到高位槽外面,导致高位槽液面不稳定。

(2)水流量增大时,应检查一下高位槽内水面是否稳定,当水面下降时要适当开大上水阀补充水量。

(3)水流量调节阀调小时要缓慢,以免造成流量突然下降使测压管中的水溢出管外。

(4)注意排除实验导管内的空气泡。

(5)离心泵不要空转和在出口阀门全关的条件下工作。

五、数据记录和观察现象

数据记录见表3-32。

表3-32 数据记录表

		流量600(L/h)		流量400(L/h)		流量200(L/h)	
		压强	压差	压强	压差	压强	压差
测压点		(mmH_2O)	(mmH_2O)	(mmH_2O)	(mmH_2O)	(mmH_2O)	(mmH_2O)
1	静压头	850	600	939	689	990	740
2	冲压头	904	654	961	711	996	746
3	静压头	848	598	936	686	989	739
4	静压头	841	591	933	683	988	738

续表 3-32

		流量 600(L/h)		流量 400(L/h)		流量 200(L/h)	
		压强	压差	压强	压差	压强	压差
测压点		(mmH_2O)	(mmH_2O)	(mmH_2O)	(mmH_2O)	(mmH_2O)	(mmH_2O)
5	静压头	773	523	904	654	983	733
6	静压头	625	375	840	590	966	716
7	静压头	695	445	868	618	970	720
8	静压头	724	474	881	631	973	723
9	静压头	736	486	889	639	975	725
10	静压头	754	504	892	642	979	729
11	冲压头	762	512	896	646	980	730
12	静压头	700	450	870	620	974	724
13	冲压头	753	503	892	642	980	730
14	静压头	647	507	844	704	968	828
15	冲压头	699	559	865	725	972	832

六、实验结果分析

测量点结果图见图 3-34、图 3-35。

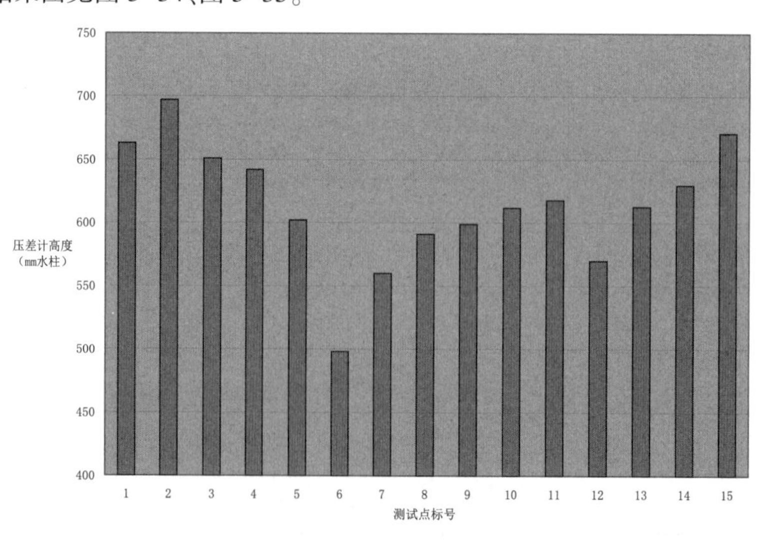

图 3-34 测量点高度示意图

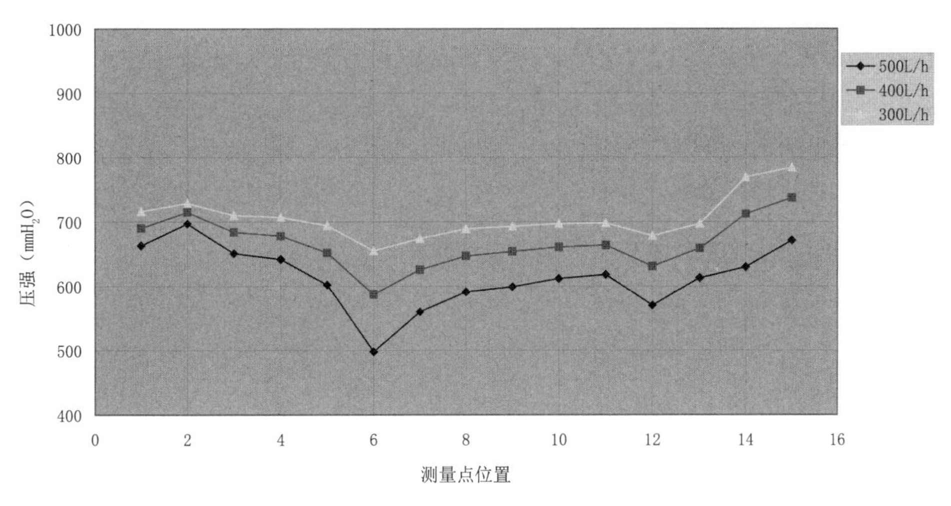

图 3-35　能量转换位置-压强图

A 截面的直径 14 mm；B 截面直径 28 mm；

C 截面、D 截面直径 14 mm；以标尺的零刻度为零基准面；

D 截面中心距基准面为 $Z_D = 140$ mm；A 截面和 D 截面间距离为 110 mm；

A、B、C 截面 $Z_A = Z_B = Z_C = 250$（即标尺为 250 mm）。

对这些实验数据分析如下：

1.冲压头分析

冲压头为静压头与动压头之和。实验中观测到，从测压点 2～11 截面上的冲压头依次下降，这符合下式所示的从测压点 2 流至测压点 11 的柏努利方程。

$$\left(\frac{p_2}{\rho g}+\frac{u_2^2}{2g}\right) = \left(\frac{p_{11}}{\rho g}+\frac{u_{11}^2}{2g}\right) + H_{f,2-11}$$

$$H_{f,2-11} = \left(\frac{p_2}{\rho g}+\frac{u_2^2}{2g}\right) - \left(\frac{p_{11}}{\rho g}+\frac{u_{11}^2}{2g}\right)$$

$$= (904-250)-(762-250)$$

$$= 142(\mathrm{mmH_2O})$$

2.截面间静压头分析（同一水平面处静压头变化）

截面 1～10，由于两截面处于同一水平位置，截面面积 10 比 1 处大，这样 10 处的流速比 1 处小。设流体从 1 流到 10 的压头损失为 $H_{f,1-10}$，以 1～10 面列柏努利方程。

$$\left(\frac{p_1}{\rho g}+\frac{u_1^2}{2g}\right) = \left(\frac{p_{10}}{\rho g}+\frac{u_{10}^2}{2g}\right) + H_{f,1-10}$$

$$Z_1 = Z_{10}$$

$$\left(\frac{p_{10}}{\rho g}-\frac{p_1}{\rho g}\right) = \left(\frac{u_1^2}{2g}-\frac{u_{10_1}^2}{2g}\right) - H_{f,1-10}$$

即两截面处静压头之差是由动压头减小和两截面间的压头损失来决定的，既$\frac{u_1^2}{2g}-\frac{u_{10_1}^2}{2g}<H_{f,1-10}$。当实验导管出口调节阀全开时，1 截面处的静压头为(850−250) = 600 mmH_2O柱，10 截面处的静压头为(754−250) = 504 mmH_2O柱，$P_A>P_B$。说明 A 处的动能转化为了静压能。

3.截面间静压头分析(不同水平面处静压头变化)

截面 12~14，当出口阀全开时，12~14 处的静压头分别为(820−250) = 570 和(770−140) = 630 mmH_2O柱，流体从 12 测量点流到 14 测量点，静压头降低了 60 mmH_2O柱。由于 12、14 截面积相等即动能相同。在 C、D 间列柏努利方程如下：

$$\left(\frac{p_{14}}{\rho g}-\frac{p_{12}}{\rho g}\right)=(z_{12}-z_{14})-H_{f,12-14}$$

可以看出，从 12 到 14 静压头的降低值，决定于$(Z_{12}-Z_{14})$和$H_{f,12-14}$。当$(Z_{12}-Z_{14})$大于$H_{f,12-14}$时，静压头增值为正，反之静压头增值为负。

4.压头损失的计算

以出口阀全开时从 C 到 D 的压头损失和 $H_{f,C-D}$ 为例。现在对 C、D 两截面间列柏努利方程。

$$\frac{p_c}{\rho g}+\frac{u_c^2}{2g}+Z_c=\frac{p_D}{\rho g}+\frac{u_D^2}{2g}+Z_D+H_{f,C-D}$$

压头损失的算法之一是用冲压头来计算：

$$H_{f,C-D}=\left[\left(\frac{p_c}{\rho g}+\frac{u_c^2}{2g}\right)-\left(\frac{p_D}{\rho g}+\frac{u_D^2}{2g}\right)\right]+(Z_C-Z_D)$$

$$=[613-671]+(250-140)=52(\text{mmH}_2\text{O 柱})$$

压头损失的算法之二是用静压头来计算：$(u_C=u_D)$

$$H_{f,C-D}=\left(\frac{p_c}{\rho g}-\frac{p_D}{\rho g}\right)+(Z_C-Z_D)$$

$$=(570-630)+(250-140)=50(\text{mmH}_2\text{O 柱})$$

两种计算方法所得结果基本一致，说明所得实验数据是正确的。

5.文丘里测量段分析结论

本实验 3~9 测量段为文丘里管路，3~6 横截面积依次减小，6~9 横截面积依次增大，测量点 6 为喉径，横截面积最小。通过测量数据我们可以看出，由于横截面积不断减小，通过测量点 3~6 的流速逐渐增大，静压能转化为动能，得到结论 3~6 测量点静压头在不断降低，在测量点 6 处横截面积最小、流速最大、静压头最小。反之 6~9 动能转化为静压能，静压能逐渐升高。

第八节　旋风分离器实验

一、实验目的

(1)观察含尘气体通过旋风分离器,重力沉降室时,其含尘气体、固体尘粒和纯净气体的运动路线。

(2)掌握旋风分离器、沉降室的结构、特点和工作原理的目的。

(3)观察分离器的分离效果和流动阻力随进口气速的变化趋势,测定进口气速对旋风分离器分离性能的影响,从而可确定实际操作中的适宜气速。

二、实验装置

1.实验设备

实验所用设备见图 3-36。

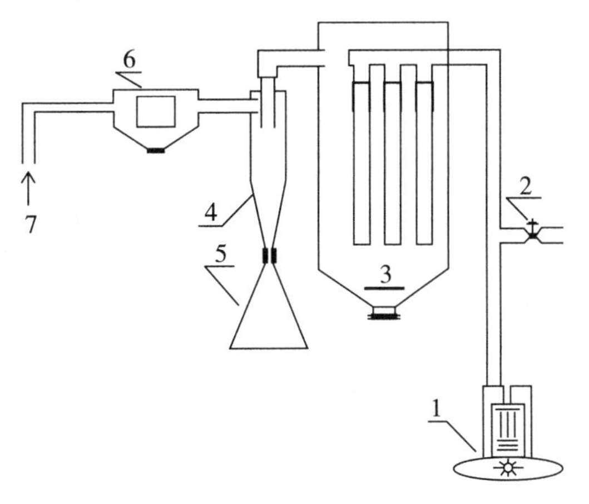

图 3-36　实验装置流程示意图

1—风机;2—气体旁路调节阀;3—布袋除尘柜;4—旋风分离器;5—三角瓶;6—沉降室;7—物料进口

2.实验设备主要技术参数

①旋风分离器。

除进气管外,形式和尺寸比例基本上与标准型旋风分离器相同,圆筒部分的直径 D= 80 mm。为同时兼顾便于加工、流动阻力小和分离效果好三方面的要求,本装置取旋风分离器进气管为圆管,其直径确定方法如下:

$$d_i = \frac{1}{2} \times (D - D_1) \tag{3-54}$$

式中：D——圆筒部分的直径，m；

D_1——排气管的直径，m。

②鼓风机(旋涡气泵)：型号 XGB-2，最大压力 1176kPa，最大流量 $75m^3/h$。

③流量调节阀：为增大实验流量变化范围，应尽量减小流量变化范围的下限，其办法是设法减小流量调节阀全开时的阻力，而增大此阀全开时放空的气体流量。放空管的直径要尽量大，选用闸板阀比较适宜。

3.实验流程简介

鼓风机吸入口在管路的分支处，一部分经流量调节阀 2 吸入，一部分经布袋除尘柜 3 吸入，后者的流量随流量调节阀的开度而变化。布袋除尘柜与旋风分离器和沉降室相连，启动风机后产生吸力，将物料通过物料进口 7 吸入，较大颗粒在通过沉降室 6 时受重力作用而沉降，微小颗粒随气体进入旋风分离器中进一步分离。

①旋风分离器工作原理。

含尘气体由旋风分离器圆筒部分上的进气管沿切线方向进入，受气壁的约束而作向下的螺旋形运动。气体和尘粒同时受到惯性离心力作用，因尘粒的密度远大于气体的密度，所以尘粒所受到的惯性离心力远大于气体的。在这个惯性离心力的作用下，尘粒在作向下旋转运动的同时也作向外的径向运动，其结果是尘粒被甩向器壁与气体分离，然后在气流摩擦力和重力作用下，再沿器壁表面作向下的螺旋运动，最后落入锥底的排灰口内。含尘气体在作向下螺旋运动的过程中逐渐净化。在到达分离器的圆锥部分时，被净化了的气流由以靠近器壁的空间为范围的下行螺旋运动改为以中心轴附近空间为范围的上行螺旋运动，最后由分离器顶部的排气管排出。下行螺旋在外，上行螺旋在内，但两者的旋转方向是相同的。下行螺旋流的上部是主要的除尘区。我们在演示实验中所看到的螺旋状轨迹，是已经被甩到器壁上的粉粒被下行螺旋气流吹扫着器壁表面向下螺旋运动的情况。由此可以清晰地看到关含尘气体、固体尘粒和气体的流动线路。

②进口气速对分离效果和流动阻力的影响。

气体在分离器内的流速常用进口气速 u_i 来表示。临界直径 d_c 和分割直径 d_{50}的计算公式如下

$$d_c = \sqrt{\frac{9\mu B}{\pi V_e u^i P_s}} \tag{3-55}$$

$$d_{50} = 0.27\sqrt{\frac{\mu D}{u^i P_s}} \tag{3-56}$$

由上式可看出，提高分离器的进口气速 u_i，可以减少临界直径 d_{50}，提高分离效率。但若进口气速过高，则会招致分离器内气体的涡流加剧，破坏固体尘粒在径向上的正常运动，延

长尘粒离心沉降的时间，甚至使之未及到达器壁，或者沉降后又被气体涡流重新卷起而带走，造成分离效果下降。

在任何情况下，永远是进口气速 u_i 愈大，气体通过分离器的流动阻力 $\Delta P=\zeta\frac{Pu_i^2}{2}$愈大，且由 $\frac{d(\Delta p)}{d\,u_i}=(\zeta\frac{P}{2})\cdot 2\cdot u_i$ 式可知，u_i 值愈大，ΔP 随 u_i 的变化率$\frac{d(\Delta p)}{d\,u_i}$就愈大。因此，旋风分离器的进口气速过小或过大都不好，一般控制 $u_i=10\sim 25$ m/s 为宜。

三、实验方法及步骤

①置流量调节阀 2 处于全开状态。接通鼓风机电源开关，开动鼓风机。

②逐渐关小流量调节阀，增大通过沉降室、旋风分离器的风量，了解气体流量的变化趋势。

③将空气流量调节至阀门全部关闭状态。将实验用的固体物料（玉米面、洗衣粉等）倒入进料容器中，靠近物料进口 7 处，观察沉降室与旋风分离器中物料运动情况。为了能在较长时间内连续观察到上述现象，可用手轻轻拍打容器，推动尘粒连续加入。虽然观察者实际所看到的是尘粒的运动轨迹，但因尘粒沿器壁的向下螺旋运动是由于气流带动所致，所以完全可以由此推断出含尘气流和气体的流动路线。

④结束实验时，先将流量调节阀全开，再切断鼓风机电源开关。若今后一段时间该设备不使用，应将集尘室清理干净。

四、注意事项

（1）开车或停车时操作时，要先将流量调节阀置于全开状态，然后再接通或切断鼓风机的电源开关，以免 U 形管内的水被冲出。

（2）旋风分离器的排灰管与集尘室的连接要比较严密，以免因内部负压漏入空气而将已分离下来的尘粒重新吹起被带走。

（3）实验时，若气体流量足够小，且固体粉粒比较潮湿，则会发生固体粉粒沿着向下螺旋运动轨迹贴附在器壁上的现象。若想去掉贴附在器壁上的粉粒，可加大进气流量，同时向文丘里管内加入固体粉粒，利用从含尘气体中分离出来的高速旋转的新粉粒，将贴附在器壁上的粉粒冲刷掉。

第九节　板式塔实验

一、实验目的

(1)了解有筛板,浮阀,泡罩及舌形塔板等四种塔板的结构及流程。

(2)观察板式塔内部每块塔板上气-液流动情况。

二、设备主要技术数据

板式塔塔高:920 mm

塔径:$\Phi100\times5.5$ 材料为有机玻璃

板间距:180 mm

空气流量由孔板流量计测得:孔径 14 mm

流量计处的体积流量 V_0:

$$V_0=C_0A_0\sqrt{\frac{2gR}{\rho}(\rho_A-\rho)}\ (\mathrm{m^3/s}) \tag{3-57}$$

式中:C_0——孔板流量计的流量系数,$C_0=0.67$;

A_0——常数,$\pi/4\times d_0{}^2=0.1099$;

ρ——空气在 t_0 时的密度,1.2 $\mathrm{kg/m^3}$;

$\rho_A-\rho$——水密度减空气密度:1000 $\mathrm{kg/m^3}$;

R——U 形管压差,mm。

水流量由水流量计:测量范围:16~160 L/h

三、实验设备的基本情况

板式塔由筛板、浮阀、泡罩、舌形塔组成,如图 3-37 所示。

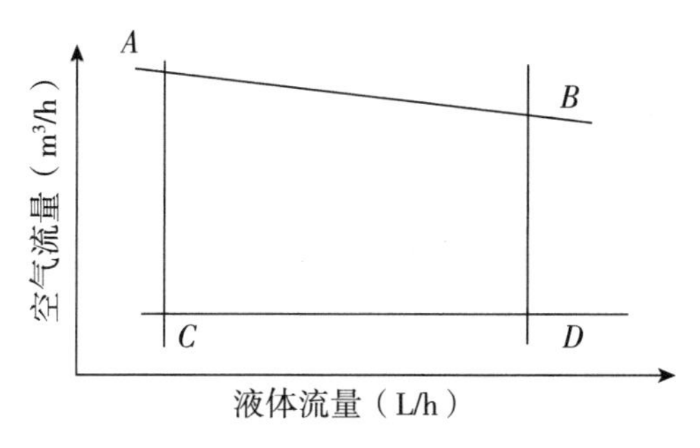

图 3-37　负荷性能图

A-B 为液沫夹带线，空气流量 0.620~0.450(m³/h)；*B-D* 为最大液相线，液体流量 10(L/h)；*A-D* 为漏液线，空气流量 0.316(m³/h)；*A-C* 为最小液相线，液体流量 100(L/h)

如图 3-38 所示，空气由旋涡气泵经过孔板流量计计量后输送到每个板式塔塔底，液体则由离心泵经过转子流量计计量后由塔顶进入塔内并与空气进行接触，由塔底流回水箱内。

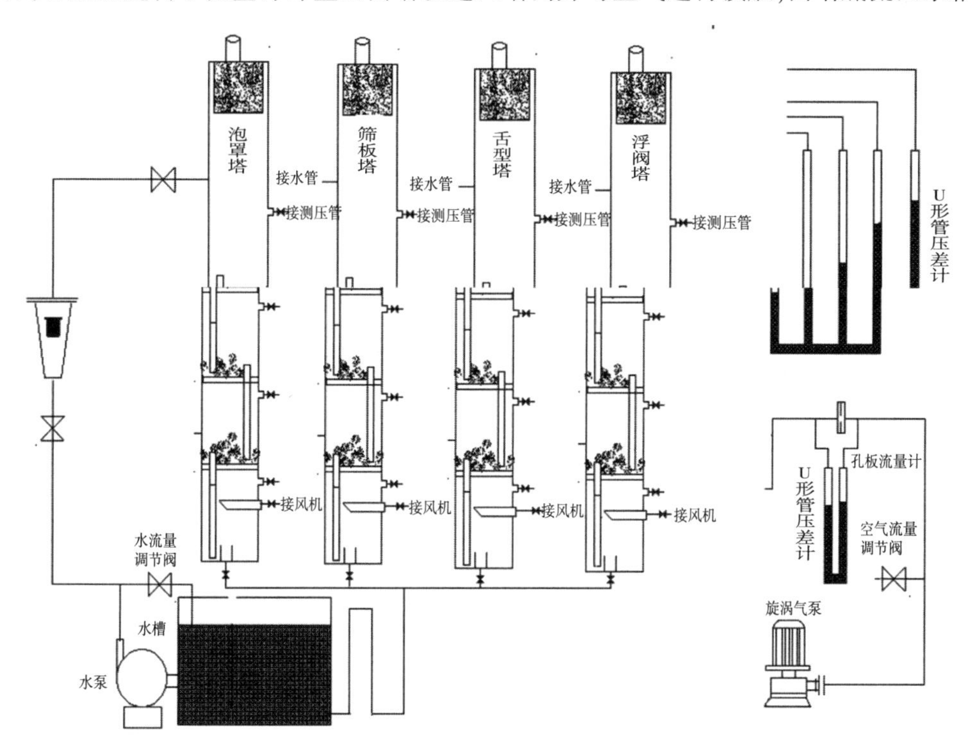

图 3-38　板式塔实验流程示意图

四、实验方法及步骤

①首先向水槽内放入一定数量的蒸馏水，将空气流量调节阀放置开的位置，将离心泵流量调节阀关上。

②将所需要测定的塔阀门打开，关闭其他板式塔的阀门后启动旋涡气泵。可以改变不同空气流量分别测定四块塔板的干板压降。

③启动离心泵将转子流量计打开液体流量调到适当位置,分别改变空气,液体流量用观察法测出不同塔板的压降并注意观察实验现象。

④测定其他板式塔方法同前。

⑤实验结束时先关闭水流量,待塔内液体大部分流回到塔底时再关闭旋涡气泵。

五、注意事项

(1)为保护有机玻璃塔的透明度,实验用水必须采用蒸馏水。

(2)开车时先开旋涡气泵后开离心泵,停车反之,这样避免板式塔内的液体灌入风机中。

(3)实验过程中每改变空气流量或水流量时,流量计会因为流体的流动而上下波动,取中间数值为测取数据。

(4)若 U 形管压差计指示液面过高时将导压管取下用吸耳球吸出指示液。

(5)水箱必须充满水,否则空气压力过大易走短路。

附录

附录一　水的物理性质

温度（℃）	压力（$\times 10^5$Pa）	密度（kg/m^3）	焓（kJ/kg）	比热容［kJ/（kg·K）］	热导率［W/（m·K）］	黏度（mPa·s）	运动黏度（$10^{-5}\times m^2/s$	体积膨胀系数（$\times 10^{-3}$ ℃$^{-1}$）	表面张力（mN/m）
0	1.013	999.9	0	4.212	0.551	1.789	0.1789	-0.063	75.6
10	1.013	999.7	42.0	4.191	0.575	1.305	0.1306	0.070	74.1
20	1.013	998.2	83.9	4.183	0.599	1.005	0.1006	0.182	72.7
30	1.013	995.7	125.8	4.174	0.618	0.801	0.0805	0.321	71.2
40	1.013	992.2	167.5	4.174	0.634	0.653	0.0659	0.387	69.6
50	1.013	988.1	209.3	4.174	0.648	0.549	0.0556	0.449	67.7
60	1.013	983.2	251.1	4.178	0.659	0.470	0.0478	0.511	66.2
70	1.013	977.8	293.0	4.187	0.668	0.406	0.4150	0.570	64.3
80	1.013	971.8	334.9	4.195	0.675	0.355	0.0365	0.632	62.6
90	1.013	965.3	377.0	4.208	0.680	0.315	0.0326	0.695	60.7
100	1.013	958.4	419.1	4.220	0.683	0.283	0.0295	0.752	58.8
110	1.433	951.0	461.3	4.233	0.685	0.259	0.0272	0.808	56.9
120	1.986	943.1	503.7	4.250	0.686	00237	0.0252	0.864	54.8
130	2.702	934.8	546.4	4.266	0.686	0.218	0.0233	0.919	52.8
140	3.624	926.1	589.1	4.287	0.685	0.201	0.0217	0.972	50.7
150	4.761	917.0	632.2	4.312	0.684	0.186	0.0203	1.03	48.6
160	6.481	907.4	675.3	4.346	0.683	0.173	0.0191	1.07	46.6
170	7.924	987.3	719.3	4.386	0.679	0.163	0.0181	1.13	45.3

续附录一

温度（℃）	压力（$\times 10^5$ Pa）	密度（kg/m^3）	焓（kJ/kg）	比热容［kJ/（kg·K）］	热导率［W/（m·K）］	黏度（mPa·s）	运动黏度（$10^{-5}\times m^2/s$）	体积膨胀系数（$\times 10^{-3}$ $℃^{-1}$）	表面张力（mN/m）
180	10.03	886.9	763.3	4.417	0.675	0.153	0.0173	1.19	42.3
190	12.55	876.0	807.6	4.459	0.670	0.144	0.0165	1.26	40.0
200	15.54	863.0	852.4	4.550	0.663	0.136	0.0158	1.33	37.7
210	19.07	852.8	897.6	4.555	0.655	0.130	0.0153	1.41	35.4
220	23.20	840.3	943.7	4.614	0.645	0.124	0.0148	1.48	33.1
230	27.98	827.3	990.2	4.681	0.637	0.120	0.0145	1.59	31.0
240	33.47	813.6	1038	4.756	0.628	0.115	0.0141	1.68	28.5
250	39.77	799.0	1086	4.844	0.618	0.110	0.0137	1.81	26.2
260	46.93	784.0	1135	4.949	0.604	0.106	0.0135	1.91	23.8
270	55.03	767.9	1185	5.070	0.590	0.102	0.0133	2.16	21.5
280	64.16	750.7	1237	5.229	0.575	0.098	0.0131	2.37	19.1
290	74.42	732.3	1290	5.485	0.558	0.094	0.0129	2.62	16.9
300	85.81	712.5	1345	5.730	0.540	0.091	0.0128	2.92	14.4
310	98.76	691.1	1402	6.071	0.523	0.088	0.0128	3.29	12.1
320	113.0	667.1	1462	6.573	0.506	0.085	0.0128	3.82	9.81
330	128.7	640.2	1526	7.24	0.484	0.081	0.0127	4.33	7.67
340	146.1	610.1	1595	8.16	0.47	0.077	0.0127	5.34	5.67
350	165.3	574.4	1671	9.50	0.43	0.073	0.0126	6.68	3.81
360	189.6	528.0	1761	13.98	0.40	0.067	0.0126	10.9	2.02
370	210.4	450.5	1892	40	0.34	0.057	0.0126	26.4	4.71

附录二　干空气的物理性质表(101.3kPa)

温度 (℃)	密度 (kg/m^3)	定压比热容 [kJ(kg·K)]	热导率 [×10^{-2}W/(m·K)]	黏度 (×10^{-5}Pa·s)	普朗特数 Pr
-50	1.584	1.013	2.035	1.46	0.728
-40	1.515	1.013	2.117	1.52	0.782
-30	1.453	1.013	2.198	1.57	0.723
-20	1.395	1.009	2.279	1.62	0.716
-10	1.342	1.009	2.360	1.67	0.712
0	1.293	1.009	2.442	1.72	0.707
10	1.247	1.009	2.512	1.77	0.705
20	1.205	1.013	2.593	1.81	0.703
30	1.165	1.013	2.675	1.86	0.701
40	1.128	1.013	2.756	1.91	0.699
50	1.093	1.017	2.826	1.96	0.698
60	1.060	1.017	2.896	2.01	0.696
70	1.029	1.017	2.966	2.06	0.694
80	1.000	1.022	3.047	2.11	0.692
90	0.972	1.022	3.128	2.15	0.690
100	0.946	1.022	3.210	2.19	0.688
120	0.898	1.026	3.338	2.29	0.686
140	0.854	1.026	3.489	2.37	0.684
160	0.815	1.026	3.640	2.45	0.682
180	0.779	1.034	3.780	2.53	0,681
200	0.746	1.034	3.931	2.60	0.680
250	0.674	1.043	4.268	2.74	0.677
300	0.615	1.043	4.605	2.97	0.674

续附录二

温度（℃）	密度（kg/m^3）	定压比热容［kJ(kg·K)］	热导率［$\times10^{-2}$W/(m·K)］	黏度（$\times10^{-5}$Pa·s）	普朗特数 *Pr*
350	0.566	1.055	4.908	3.14	0.676
400	0.524	1.068	5.210	3.31	0.678
500	0.456	1.072	5.745	3.62	0.687
600	0.404	1.089	6.222	3.91	0.699
700	0.362	1.102	6.711	4.18	0.706
800	0.329	1.114	7.176	4.43	0.713
900	0.301	1.127	7.630	4.67	0.717
1000	0.277	1.139	8.071	4.90	0.719
1100	0.257	1.152	8.502	5.12	0.722
1200	0.239	1.164	9.153	5.35	0.724

附录三　水的饱和蒸气压表(−20~100℃)

温度(℃)	压力(Pa)	温度(℃)	压力(Pa)	温度(℃)	压力(Pa)
−20	102.92	21	2486.42	62	21837.82
−19	113.32	22	2646.40	63	22851.05
−18	124.65	23	2809.05	64	23904.28
−17	136.92	24	2983.70	65	24997.50
−16	150.39	25	3167.68	66	26144.05
−15	165.05	26	3361.00	67	27330.60
−14	180.92	27	3564.98	68	28557.14
−13	198.11	28	3779.62	69	29823.68
−12	216.91	29	4004.93	70	31156.88
−11	237.31	30	4242.24	71	32516.75
−10	259.44	31	4492.88	72	33943.27
−9	283.31	32	4754.19	73	35423.12
−8	309.44	33	5030.16	74	36956.30
−7	337.57	34	5319.47	75	38542.81
−6	368.10	35	5623.44	76	40182.65
−5	401.03	36	5940.74	77	41875.81
−4	436.76	37	6275.37	78	43635.64
−3	475.42	38	6619.34	79	45462.12
−2	516.75	39	6691.30	80	47341.93
−1	562.08	40	7375.26	81	49288.40
0	610.47	41	7777.89	82	51314.87
1	657.27	42	8199.18	83	53407.99
2	705.26	43	8639.14	84	55567.78
3	758.59	44	9100.42	85	57807.55

续附录三

温度（℃）	压力（Pa）	温度（℃）	压力（Pa）	温度（℃）	压力（Pa）
4	813.25	45	9583.04	86	60113.99
5	871.91	46	10085.66	87	62220.44
6	934.57	47	10612.27	88	64940.17
7	1001.23	48	11160.22	89	67473.25
8	1073.23	49	11734.83	90	70099.66
9	1147.89	50	12333.43	91	72806.05
10	1227.88	51	12958.70	92	75592.44
11	1311.87	52	13611.97	93	78472.15
12	1402.53	53	14291.90	94	81445.19
13	1497.18	54	14998.50	95	84511.55
14	1598.51	55	15731.76	96	87671.23
15	1705.16	56	16505.02	97	90937.57
16	1817.15	57	17304.94	98	94297.24
17	1937.14	58	18144.85	99	97750.22
18	2063.79	59	19011.43	100	101325.00
19	2197.11	60	19910.00		
20	2338.43	61	20851.25		

附录四　饱和水蒸气表(按温度排序)

温度 (℃)	绝压 (kPa)	蒸汽的比体积 (m^3/kg)	蒸汽的密度 (kg/m^3)	焓(液体) (kJ/kg)	焓(蒸汽) (kJ/kg)	汽化热 (kJ/kg)
0	0.6112	206.2	0.00485	-0.05	2500.5	2500.5
5	0.8725	147.1	0.00680	21.02	2509.7	2486.7
10	1.2228	106.3	0.00941	42.00	2518.9	2476.9
15	1.7053	77.9	0.01283	62.95	2528.1	2465.1
20	2.3339	57.8	0.01719	83.86	2537.2	2453.3
25	3.1687	43.36	0.02306	104.77	2546.3	2441.5
30	4.2451	32.90	0.03040	125.68	2555.4	2429.7
35	5.6263	25.22	0.03965	146.59	2564.4	2417.8
40	7.3811	19.53	0.05120	167.50	2573.4	2405.9
45	9.5897	15.26	0.06553	188.42	2582.3	2393.9
50	12.345	12.037	0.0831	209.33	2591.2	2381.9
55	15.745	9.572	0.1045	230.24	2600.0	2369.8
60	19.933	7.674	0.1303	251.15	2608.8	2357.6
65	25.024	6.199	0.1613	272.08	2617.5	2345.4
70	31.178	5.044	0.1983	293.01	2626.1	2333.1
75	38.565	4.133	0.2420	313.96	2634.6	2320.7
80	47.376	3.409	0.2933	334.93	2643.1	2308.1
85	57.818	2.829	0.3535	355.92	2651.4	2295.5
90	70.121	2.362	0.4234	376.94	2659.6	2282.7
95	84.533	1.983	0.5043	397.98	2667.7	2269.7
100	101.33	1.674	0.5974	419.06	2675.7	2256.6
105	120.79	1.420	0.7042	440.18	2683.6	2243.4
110	143.24	1.211	0.8258	461.33	2691.3	2229.3

续附录四

温度 (℃)	绝压 (kPa)	蒸汽的比体积 (m^3/kg)	蒸汽的密度 (kg/m^3)	焓(液体) (kJ/kg)	焓(蒸汽) (kJ/kg)	汽化热 (kJ/kg)
115	169.02	1.037	0.9643	482.52	2698.8	2216.3
120	198.48	0.892	1.121	503.76	2706.2	2202.4
125	232.01	0.7709	1.297	525.04	2713.4	2188.3
130	270.02	0.6687	1.495	546.38	2720.4	2174.0
135	312.93	0.5823	1.717	567.77	2727.2	2159.4
140	361.19	0.5090	1.965	589.21	2733.8	2144.6
145	415.29	0.4464	2.240	610.71	2740.2	2129.5
150	475.71	0.3929	2.545	632.28	2746.4	2114.1
160	617.66	0.3071	3.256	675.62	2757.9	2082.3
170	791.47	0.2428	4.119	719.25	2768.4	2049.2
180	1001.9	0.1940	5.155	763.22	2777.7	2014.5
190	1254.2	0.1565	6.390	807.56	2785.8	1978.2
200	1553.7	0.1273	7.855	852.34	2792.5	1940.1
210	1906.2	0.1044	9.579	897.62	2797.7	1900.0
220	2317.8	0.0862	11.600	943.46	2801.2	1857.7
230	2795.1	0.07155	13.98	989.95	2803.0	1813.0
240	3344.6	0.05974	16.74	1037.2	2802.9	1766.1
250	3973.5	0.05011	19.96	1085.3	2800.7	1715.4
260	4689.2	0.04220	23.70	1134.3	2796.1	1661.8
270	5499.6	0.03564	28.06	1184.5	2789.1	1604.5
280	6412.7	0.03017	33.15	1236.0	2779.1	1543.1
290	7437.5	0.02557	39.11	1289.1	2765.8	1476.7
300	8583.1	0.02167	46.15	1344.0	2748.7	1404.7

附录五　饱和水蒸气表(按压力排序)

绝压(kPa)	温度(℃)	蒸汽的比体积(m^3/kg)	蒸汽的密度(kg/m^3)	焓(液体)(kJ/kg)	焓(蒸汽)(kJ/kg)	汽化热(kJ/kg)
1.0	6.9	129.19	0.00774	29.21	2513.3	2484.1
1.5	13.0	87.96	0.01137	54.47	2524.4	2469.9
2.0	17.5	67.01	0.01492	73.58	2532.7	2459.1
2.5	21.1	54.25	0.01843	88.47	2539.2	2443.6
3.0	24.1	45.67	0.02190	101.07	2544.7	2437.61
3.5	26.7	39.47	0.02534	111.76	2549.31	2437.6
4.0	29.0	34.80	0.02814	121.30	2553.5	2432.2
4.5	31.2	31.14	0.03211	130.08	2557.3	2427.2
5.0	32.9	28.19	0.03547	137.72	2560.61	2422.8
6.0	36.2	23.74	0.04212	151.42	2566.5	2415.0
7.0	39.0	20.53	0.04871	163.31	2571.6	2408.3
8.0	41.5	18.10	0.05525	173.81	2576.1	2402.3
9.0	43.8	16.20	0.06173	183.36	2580.2	2396.8
10	45.8	14.67	0.06817	191.76	2583.7	2392.0
15	54.0	10.02	0.09980	225.93	2598.2	2372.3
20	60.1	7.65	0.13068	251.43	2608.9	2357.5
30	69.1	5.23	0.19120	289.26	2624.6	2335.3
40	75.9	3.99	0.25063	317.61	2636.1	2318.5
50	81.3	3.24	0.30864	340.55	2645.3	2304.8
60	85.9	2.73	0.36630	359.91	2653.0	2293.1
70	90.0	2.37	0.42229	376.75	2659.6	2282.8
80	93.5	2.09	0.47807	391.71	2665.3	2273.6
90	96.7	1.87	0.53384	405.20	2670.5	2265.3

续附录五

绝压（kPa）	温度（℃）	蒸汽的比体积（m^3/kg）	蒸汽的密度（kg/m^3）	焓（液体）（kJ/kg）	焓（蒸汽）（kJ/kg）	汽化热（kJ/kg）
100	99.6	1.70	0.58961	417.52	2675.1	2257.6
120	104.8	1.43	0.69868	439.37	2683.3	2243.9
140	109.3	1.24	0.80758	458.44	2690.2	2231.8
160	113.3	1.092	0.91575	475.42	2696.3	2220.9
180	116.9	0.978	1.0225	490.76	2701.7	2210.9
200	120.2	0.886	1.1287	504.78	2706.5	2201.7
250	127.4	0.719	1.3904	535.47	2716.8	2181.4
300	133.6	0.606	1.6501	561.58	2725.3	2163.7
350	138.9	0.524	1.9074	584.45	2732.4	2147.9
400	143.7	0.463	2.1618	604.87	2738.5	2133.6
450	147.9	0.414	2.4152	623.38	2743.9	2120.5
500	151.9	0.375	2.6673	640.35	2748.6	2108.2
600	158.9	0.316	3.1686	670.67	2756.7	2086.0
700	165.0	0.273	3.6657	697.32	2763.3	2066.0
800	170.4	0.240	4.1614	721.20	2768.9	2047.7
900	175.4	0.215	4.6524	742.90	2773.6	2030.7
1.0×10^3	179.9	0.194	5.1432	762.84	2777.7	2014.8
1.1×10^3	184.1	0.177	5.6339	781.35	2781.2	1999.9
1.2×10^3	188.0	0.163	6.1350	789.64	2787.0	1985.7
1.3×10^3	191.6	0.151	6.6225	814.89	2787.0	1972.1
1.4×10^3	195.1	0.141	7.1038	830.24	2789.4	1959.1
1.5×10^3	198.3	0.132	7.5935	844.82	2791.5	1946.6
1.6×10^3	201.4	0.124	8.0814	858.69	2793.3	1934.6
1.7×10^3	204.3	0.117	8.5470	871.96	2794.9	1923.0

续附录五

绝压（kPa）	温度（℃）	蒸汽的比体积（m^3/kg）	蒸汽的密度（kg/m^3）	焓（液体）（kJ/kg）	焓（蒸汽）（kJ/kg）	汽化热（kJ/kg）
1.8×10^3	207.2	0.110	9.0533	884.67	2796.3	1911.7
1.9×10^3	209.8	0.105	9.5392	896.88	2797.6	1900.7
2.0×10^3	212.4	0.0996	10.0402	908.64	2798.7	1890.0
3.0×10^3	233.9	0.0667	14.9925	1008.2	2803.2	1794.9
4.0×10^3	250.4	0.0497	20.1207	1087.2	2800.51	1713.4
5.0×10^3	264.0	0.0394	25.3663	1154.2	2793.6	1639.5
6.0×10^3	275.6	0.0324	30.8494	1213.3	2783.81	1570.5
7.0×10^3	285.9	0.0274	36.4964	1266.9	2771.7	1504.8
8.0×10^3	295.0	0.0235	42.5532	1316.5	2757.7	1441.2
9.0×10^3	303.4	0.0205	48.8945	1363.1	2741.9	1378.9
1.0×10^4	311.0	0.0180	55.5407	1407.2	2724.5	1317.2
1.2×10^4	324.7	0.0143	69.9301	1490.7	2684.5	1193.8
1.4×10^4	336.7	0.0115	87.3020	1570.4	2637.1	1066.7
1.6×10^4	347.4	0.00931	107.4114	1649.4	2580.2	930.8
1.8×10^4	357.0	0.00750	133.3333	1732.0	2509.5	777.4
2.0×10^4	365.8	0.00587	170.3578	1827.2	2413.1	585.9

附录六　水的黏度表(0～100℃)

温度(℃)	黏度(mPa·s)	温度(℃)	黏度(mPa·s)	温度(℃)	黏度(mPa·s)	温度(℃)	黏度(mPa·s)
0	1.7921	25	0.8937	51	0.5404	77	0.3702
1	1.7313	26	0.8737	52	0.5315	78	0.3655
2	1.6728	27	0.8545	53	0.5229	79	0.3610
3	1.6191	28	0.8360	54	0.5146	80	0.3565
4	1.5674	29	0.8180	55	0.5064	81	0.3521
5	1.5188	30	0.8007	56	0.4985	82	0.3478
6	1.4728	31	0.7840	57	0.4907	83	0.3436
7	1.4284	32	0.7679	58	0.4832	84	0.3395
8	1.3860	33	0.7523	59	0.4759	85	0.3355
9	1.3462	34	0.7371	60	0.4688	86	0.3315
10	1.3077	35	0.7225	61	0.4618	87	0.3276
11	1.2713	36	0.7085	62	0.4550	88	0.3239
12	1.2363	37	0.6947	63	0.4483	89	0.3202
13	1.2028	38	0.6814	64	0.4418	90	0.3165
14	1.1709	39	0.6685	65	0.4355	91	0.3130
15	1.1404	40	0.6560	66	0.4293	92	0.3095
16	1.1111	41	0.6439	67	0.4233	93	0.3060
17	1.0828	42	0.6321	68	0.4174	94	0.3027
18	1.0599	43	0.6207	69	0.4117	95	0.2994
19	1.0299	44	0.6097	70	0.4061	96	0.2962
20	1.0050	45	0.5988	71	0.4006	97	0.2930
20.2	1.0000	46	0.5883	72	0.3952	98	0.2899
21	0.9810	47	0.5782	73	0.3900	99	0.2868
22	0.9579	48	0.5683	74	0.3849	100	0.2838
23	0.9359	49	0.5588	75	0.3799		
24	0.9142	50	0.5494	76	0.3750		

附录七　乙醇-水溶液相平衡数据(101.3kPa)

液相组成		气相组成		沸点(℃)	液相组成		气相组成		沸点(℃)
质量分数(%)	摩尔分数(%)	质量分数(%)	摩尔分数(%)		质量分数(%)	摩尔分数(%)	质量分数(%)	摩尔分数(%)	
0.01	0.004	0.13	0.053	99.9	23.00	10.48	67.3	44.61	86.2
0.10	0.040	1.30	0.51	99.8	24.00	11.00	68.0	45.41	85.95
0.15	0.055	1.95	0.77	99.7	25.00	11.53	68.6	46.08	85.7
0.20	0.08	2.6	1.03	99.6	26.00	12.08	69.3	46.90	85.4
0.30	0.12	3.8	1.57	99.5	27.00	12.64	69.8	47.49	85.2
0.40	0.16	4.9	1.98	99.4	28.00	13.19	70.3	48.08	85
0.50	0.19	6.1	2.48	99.3	29.00	13.77	70.81	48.68	84.8
0.60	0.23	7.1	2.90	99.2	30.00	14.35	71.31	49.30	84.7
0.70	0.27	8.1	3.33	99.1	31.00	14.95	71.7	49.77	84.5
0.80	0.31	9.0	3.725	99	32.00	15.55	72.1	50.27	84.3
0.90	0.35	9.9	4.12	98.9	33.00	16.15	72.51	50.78	84.2
1.00	0.39	10.1	4.20	98.75	34.00	16.77	72.9	51.27	83.85
2.00	0.75	19.7	8.76	97.65	35.00	17.41	73.8	51.67	83.75
3.00	1.19	27.2	12.75	96.65	36.00	18.03	73.51	52.04	83.7
4.00	1.61	33.3	16.34	95.8	37.00	18.68	73.8	52.43	83.5
5.00	2.01	37.0	18.68	94.95	38.00	19.37	74.0	52.68	83.4
6.00	2.43	41.0	21.45	94.15	39.00	20.00	74.3	53.09	83.3
7.00	2.86	44.6	23.96	93.35	40.00	20.68	74.6	53.46	83.1
8.00	3.29	47.6	26.21	92.6	41.00	21.38	74.81	53.76	82.95
9.00	3.73	50.0	28.12	91.9	42.00	22.07	75.1	54.12	82.78
10.00	4.16	52.2	29.92	91.3	43.00	22.78	75.4	54.541	82.651
11.00	4.61	54.1	31.56	90.8	44.00	23.51	75.6	54.801	82.5
12.00	5.07	55.8	33.06	90.5	45.00	24.25	75.9	55.22	82.45
13.00	5.51	57.4	34.51	89.7	46.00	25.00	76.1	55.48	82.35
14.00	5.98	58.8	35.83	89.2	47.00	25.75	76.3	55.74	82.3
15.00	6.46	60.0	36.98	89	48.00	26.53	76.5	56.03	82.15

续附录七

液相组成		气相组成		沸点（℃）	液相组成		气相组成		沸点（℃）
质量分数（%）	摩尔分数（%）	质量分数（%）	摩尔分数（%）		质量分数（%）	摩尔分数（%）	质量分数（%）	摩尔分数（%）	
16.00	6.86	61.1	38.06	88.3	49.00	27.32	76.81	56.44	82
17.00	7.41	62.2	39.16	87.9	50.00	28.12	77.0	56.71	81.9
18.00	7.95	63.2	40.18	87.7	51.00	28.93	77.3	57.12	81.8
19.00	8.41	64.3	41.27	87.4	52.00	29.80	77.5	57.41	81.7
20.00	8.92	65.0	42.09	87	53.00	30.61	77.7	57.70	81.6
21.00	9.42	65.8	42,94	86.7	54.00	31.47	78.0	58.11	81.5
22.00	9.93	66.6	43.82	86.4	55.00	32.34	78.2	58.39	81.4
56.00	33.24	78.5	58.78	81.3	77.00	56.71	84.5	68.07	79.7
57.00	34.16	78.7	59.10	81.25	78.00	58.11	84.9	68.76	79.65
58.00	35.09	79.0	59.50	81.2	79.00	59.55	85.4	69.59	79.55
59.00	36.02	79.2	59.84	81.1	80.00	61.02	85.8	70.29	79.5
60.00	36.98	79.5	60.29	81	81.00	62.52	86.0	70.63	79.4
61.00	37.97	79.7	60.58	80.95	82.00	64.05	86.7	71.86	79.3
62.00	38.95	80.0	61.02	80.85	83.00	65.64	87.2	72.71	79.2
63.00	40.00	80.3	61.44	80.75	84.00	67.27	87.7	73.61	79.1
64.00	41.02	80.5	61.61	80.65	85.00	68.92	88.3	74.69	78.95
65.00	42.09	80.8	62.22	80.6	86.00	70.63	88.9	75.82	78.85
66.00	43.17	81.0	62.52	80.5	87.00	72.36	89.5	76.93	78.75
67.00	44.27	81.3	62.99	80.45	88.00	74.15	90.1	78.00	78.65
68.00	45.41	81.6	63.43	80.4	89.00	75.99	90.7	79.26	78.6
69.00	46.55	81.9	63.91	80.3	90.00	77.88	91.3	80.42	78.5
70.00	47.74	82.1	64.21	80.2	91.00	79.82	92.0	81.83	78.4
71.00	48.92	82.4	64.70	80.1	92.00	81.83	92.7	83.26	78.3
72.00	50.16	82.8	65.34	80	93.00	83.87	93.5	84.91	78.27
73.00	51.39	83.1	65.81	79.95	94.00	85.97	94.2	86.4	78.2
74.00	52.68	83.4	66.28	79.85	95.00	88.13	95.1	88.13	78.18

附录八　二氧化碳在水中的亨利系数

温度 （℃）	0	5	10	15	20	25	30	35	40	45	50	60
亨利系数 E(MPa)	73.7	88.7	105	124	144	166	188	212	236	260	287	345

参考文献

[1] 李以名,李明海,储明明,等.化工原理实验及虚拟仿真[M].北京:化学工业出版社,2022.

[2] 刘辉,杨鹰,曹占芳,等.新工科背景下化工原理理论、实验、仿真三位一体教学模式研究[J].化工时刊,2022,36(7):52-55.

[3] 倪化境.利用 Excel 软件处理化工原理精馏实验数据[J].广州化工,2022,50(18):252-255.

[4] 叶向群,单岩.化工原理实验及虚拟仿真[M].北京:化学工业出版社,2017.

[5] 张建伟.化工单元操作实验与设计[M].天津:天津大学出版社,2012.

[6] 王存文,孙炜.化工原理实验与数据处理[M].北京:化学工业出版社,2008.